本书由以下项目资助：

2020年教育部产学合作协同育人项目（202002076037）

2020年教育部产学合作协同育人项目（202002134010）

2021年河南省第二批一流本科课程

区块链
技术与管理
创新

BLOCKCHAIN TECHNOLOGY

AND

MANAGEMENT INNOVATION

张

斌

U0255029

著

经济管理出版社

ECONOMY & MANAGEMENT PUBLISHING HOUSE

图书在版编目（CIP）数据

区块链技术与管理创新/张斌著.—北京：经济管理出版社，2021.7
ISBN 978-7-5096-8138-1

Ⅰ.①区… Ⅱ.①张… Ⅲ.①区块链技术—研究 Ⅳ.①TP311.135.9

中国版本图书馆 CIP 数据核字（2021）第 137472 号

组稿编辑：杨　雪
责任编辑：杨　雪　程　笑　王　慧
责任印制：黄章平
责任校对：董杉珊

出版发行：经济管理出版社
　　　　　（北京市海淀区北蜂窝 8 号中雅大厦 A 座 11 层　100038）
网　　　址：www. E-mp. com. cn
电　　　话：（010）51915602
印　　　刷：北京晨旭印刷厂
经　　　销：新华书店
开　　　本：710mm×1000mm/16
印　　　张：12
字　　　数：209 千字
版　　　次：2021 年 8 月第 1 版　　2021 年 8 月第 1 次印刷
书　　　号：ISBN 978-7-5096-8138-1
定　　　价：78.00 元

前 言
PREFACE

随着信息技术的不断迭代升级，以大数据为代表的信息资源正在成为影响企业发展、改变行业或产业生态以及促进国民经济高质量发展的一种重要生产要素，数字化转型正在从高科技企业向着更多的传统企业和传统行业领域扩散。2020年的新型冠状病毒肺炎疫情防控与复工复产"两手抓"更是凸显出企业数字化转型的重要性，数据也作为一种新型生产要素被写入2020年4月9日正式公布的《中共中央 国务院关于构建更加完善的要素市场化配置体制机制的意见》中，将数字技术作为传统产业升级转型驱动力以及大力发展数字经济也正在成为社会多方的共识。

而区块链作为数字时代的新技术，是信息技术领域在经历了十多年来的发展后逐步形成的由基础设施层、行业应用层和综合服务层三大板块组成的区块链产业。在这一过程中，由于区块链通过分布式数据存储、点对点传输、共识机制和加密算法等技术的集成，有效解决了企业传统交易模式中数据在系统内流转过程中的造假行为，从而为构建可信交易环境和商业生态圈提供了技术保障，同时在微观层面改变传统企业的供应链管理模式和运营管理模式。这一过程是不同行业不同企业围绕"区块链+"的探索，重构流程、重构用户体验以及重塑商业模式的过程，而这也正是企业管理创新之要点。

当区块链作为可信的底层数据存储或合约执行环境时，将在越来越多的应用中成为必要的计算资源支撑。其中将区块链资源作为云服务（Blockchain as a Service，BaaS）以云计算形式向应用企业提供服务的模式，正是区块链企业输出IT解决方案的一种新模式，也是一种简单有效的形式，如阿里巴巴的蚂蚁BaaS、华为的区块链服务BCS、腾讯云区块链服务TBaaS、百度的超级链Xuper-Chain以及京东的智臻链等。对应用BaaS的企业来说，区块链技术可以快速构建区块链基础设施，一键完成区块链应用开发、部署，享受开放、透明、可信的服务。因此，实践中我们不仅看到了华为、阿里巴巴、腾讯、百度和京东等互联网企业在区块链技术领域的创新探索，还看到了中国平安、好未来和海尔等一批先知先觉的企业将区块链技术应用于金融、教育和制造业等行业或领域，并且通过区块链技术与自身业务的深度融合，以管理创新为切入点而带动产品创新和服务创新，进而帮助企业形成了新的"护城河"甚至是新的商业模式。

与此同时，无论是 2020 年 10 月召开的中共十九届五中全会上通过的"十四五"规划建议，还是随后 12 月召开的 2020 年中央经济工作会议，都从不同角度表明：当今世界正处于百年未有之大变局，中国正处于"两个一百年"历史交汇期的新发展阶段，需要加快构建以国内大循环为主体、国内国际双循环相互促进的新发展格局。新发展阶段的新发展格局构建，需要"紧紧扭住供给侧结构性改革这条主线，注重需求侧管理，打通堵点、补齐短板，形成需求牵引供给、供给创造需求的更高水平动态平衡"，这其中自然需要"着力打通国内生产、分配、流通、消费这一产业链的各个环节"，这一过程自然离不开包括区块链技术在内的数字化技术及其创新驱动。因此，作为市场经济体制下的微观经营主体，企业不得不重新思考自身在新发展格局构建中的机遇与挑战、思考如何借力新动能，毕竟"宏观是必须接受的，微观才是可以有所作为的"。

正是基于上述认识，本书尝试从微观主体——企业管理创新的视角，来分析处于产业链供应链不同环节的企业，如何应用区块链技术来优化用户体验、提升管理效益及实现转型升级从而有效应对新发展格局下的市场竞争。换言之，新发展格局下，处于不同行业的企业该如何利用"区块链+"来培育或巩固自身的核心竞争力。具体的研究逻辑及框架要点如下：

第一章：区块链思想的起源。本章主要从区块链起源——比特币开始，介绍比特币知识点相关的基本概念、分类、主要特征、研究现状与发展趋势等。

第二章：区块链基础简介。本章主要从应用角度介绍区块链的定义、特性及价值、分类、工作流程、发展历史等。

第三章：区块链技术分析。本章主要从技术角度介绍区块链的分层结构、各层基础技术和工作原理。

第四章：区块链技术驱动下的企业管理创新。本章主要从企业管理角度介绍区块链技术环境下企业管理面临的机遇与挑战，以及企业如何通过"区块链+"进一步改善现有价值链或者是整合现有资源创造新价值。

第五章：区块链技术驱动下的农产品加工业管理创新。本章主要以农产品加工业为例，介绍了区块链技术如何应用于农产品供应链、农产品质量安全管理、农产品企业融资和风险分摊等方面，从而帮助农产品企业在管理手段和管理模式等方面取得新突破，为缓解"三农"问题、建设现代化农业做出积极贡献。

第六章：区块链技术驱动下的能源行业管理创新。本章主要以电力、新能源等能源行业为例，介绍了区块链技术如何应用于能源生产智能化、能源交易透明化及能源消费新模式探索等方面，从而帮助能源企业尽快适应数字化、低碳化新经济格局的要求，培育新的竞争优势、构建新的发展模式，真正践行"绿色发展"的新理念。

第七章：区块链技术驱动下的金融行业管理创新。本章主要以银行、保险、证券公司等金融机构为例，介绍区块链技术如何应用于银行的贷款和票据、证券公司的资产证券化、保险公司的商业保险等业务领域，从而帮助上述金融中介机构在提升用户体验和管理效率的同时，强化金融风险防范和管控。

第八章：区块链技术驱动下的医疗行业管理创新。本章主要以医疗服务行业为例，介绍区块链技术如何应用于药物管理、患者健康数据管理等方面，从而帮助医疗服务机构进一步提升医疗数据存储管理能力，并在此基础上通过数据的共享及应用催生新的疾病建模分析模式和医疗服务模式，让更多的人民群众受惠于此，为实现"健康中国"提供最基础保障。

第九章：区块链技术驱动下的教育行业管理创新。本章主要以教育培训行业为例，介绍区块链技术如何应用于教育对象档案管理、教育评价、教育决策和教育服务平台搭建等领域，从而帮助教育培训机构进一步有效整合教学资源、聚焦专业特色、提升教育质量，提供更精准、更高效的高质量教育服务，为构建泛在化、智能化的全民教育学习体系和"人人皆学、时时能学、处处可学"的学习型社会创造有利条件。

第十章：区块链技术的监管、融合与创新。本章主要介绍了世界各国对于区块链技术的监管导向和监管举措，以及区块链技术与其他信息技术的融合。在此基础上，围绕区块链技术特性，对区块链技术面临的挑战展开讨论，并提出了区块链技术在企业管理创新中的实施路径。

综上所述，本书在对区块链起源、区块链技术及其应用场景进行梳理的基础上，以"区块链+企业管理"为主线，以农产品、能源、金融、医疗和教育培训等企业机构为研究对象，进一步分析区块链技术在不同领域中的应用将如何促进相关企业的管理创新，以及由此引发的政府监管创新应如何推进的问题。因此，本书的内容更侧重于区块链技术在微观层面的应用，尤其是事关国家安全的农产品、能源、金融领域和与人民群众生活息息相关的医疗、教育领域。相比较而言，本书更适合企业管理者或是了解上述行业微观主体运营模式的研究者使用。

这里需要说明的是，作为数字化时代的底层技术支撑组成部分，区块链技术尚处于持续迭代升级过程中，区块链技术的应用也正在从广度和深度两方面不断渗透于各行各业。因此，本书中对于区块链的认识也是阶段性的，不免存在一些局限性，这也正是后续我们持续跟踪和深入研究的最大动因。同时，由于笔者水平有限，编写时间仓促，所以书中错误和不足之处在所难免，恳请广大读者批评指正。

此外，在本书的撰写过程中，得到了中原证券股份有限公司首席经济学家邓淑斌博士的大力支持，她对企业管理创新和"区块链+金融"的认知与案例分析使笔者受益颇丰，同时她对本书的架构提出了建设性意见，在此表示感谢！

张 斌

2021 年 4 月

目 录
CONTENTS

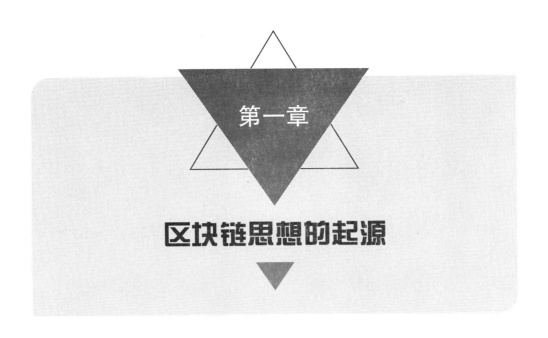

第一章

区块链思想的起源

第一节　比特币的诞生

区块链技术最先被公众关注，是源于比特币（Bitcoin，BTC）的发展。比特币诞生于2008年，在其使用者规模迅速增长且稳定运行五年后的2013年，由于比特币在没有任何中心化机构运营和管理的情况下依然能稳定运行且吸引越来越多的使用者参与其中，人们开始注意比特币的底层技术——区块链（Blockchain）技术，随后区块链逐步进入大众视野。因此，比特币不仅是区块链的第一个应用，也是截至目前区块链技术最成功、最成熟的应用，甚至可以说，比特币的诞生就是区块链的诞生。

作为具有突破性意义的电子货币，比特币的出现不仅与信息技术的发展有较大关系，也与现代金融体系下货币创造与流通的内在缺陷息息相关。1976年著名经济学家哈耶克出版的《货币的非国家化》，为货币的非主权发行提供了理论基础。

随着信息技术的发展，人们的生活逐渐网络化、数字化，对于数字货币的探索也应运而生。相关文献显示，早在20世纪八九十年代，对于数字货币的研究就已经开始了，其中必须提到的是一个略显神秘、由密码天才们组成的松散联盟——密码朋克（Cypher Punk）。作为数字货币最早的传播者，密码朋克成员们的研究成果在比特币的创新中至关重要。例如，作为密码朋克的成员，英国密码学家亚当·贝克（Adam Back）在 1997 年发明了哈希现金（HashCash），其中用到了工作量证明机制（Proof of Work，POW），这个机制的原型是用于解决互联网垃圾信息问题，在后来成为了比特币的核心要素之一；哈伯（Haber）和斯托尼塔（Stornetta）在 1997 年提出了一个用时间戳的方法保证数字文件安全的协议，这个协议成为了比特币区块链协议的原型；华裔密码学专家戴伟（W Dai）在 1998 年发明了 B-money，B-money 强调点对点的交易和不可更改的交易记录；密码朋克运动早期的重要成员哈尔·芬尼（Hal Finney），在 2004 年推出了自己版本的电子货币——"加密现金"，在其中采用了可重复使用的工作量证明机制（RPoW）。

2008 年 9 月，以雷曼兄弟的倒闭为开端，美国次贷危机爆发并向全世界蔓延进而引发了全球金融危机。为了应对危机，各国政府采取了超发货币等量化宽松措施，救助由于自身过失陷入危机的大型金融机构。这些措施招致广泛质疑，导致人们对纸币无限膨胀的担心，民众对银行等金融机构的可信任度也有所降低。

2008 年 10 月 31 日，一个化名中本聪（Satoshi Nakamoto）的人（或者组织）通过电子邮件在某个隐秘密码学讨论小组（metadowd. com）中发表了一篇《比特币：一种点对点的电子现金系统》（*Bitcoin：A Peer-To-Peer Electronic Cash System*）的研究报告，首次提出了比特币的概念和一个全新的货币体系。这份报告提出："借助金融机构作为可资信赖的第三方来处理电子支付信息，内生性地受制于'基于信用的模式'（Trustbased Model）的弱点。"因此，需要创建一套"基于密码学原理而不是基于信用，使得任何达成一致的双方能够直接进行支付，从而不需要第三方中介的参与"的电子支付系统。该系统应用于现实生活中的现金交易，不仅可以杜绝伪造货币，还可以杜绝重复支付。

2008 年 11 月 16 日，中本聪在发布《比特币：一种点对点的电子现金系统》后放出了比特币代码的先行版本，同时着手开发比特币的发行、交易和账户管理系统。2009 年 1 月 3 日，该系统在位于芬兰赫尔辛基的服务器上开始运行，中本聪随之构造出第一个区块链，它被称为"创世区块"（Genesis Block），并按照自己设定的规则获得了"首矿"奖励——50 个比特币，而且将当天《泰晤士报》头版标题"Chancellor on brink of second bailout for banks"（《财政大臣站在第二次救助银行的边缘》）写入了创世区块，如图 1-1 所示。中本聪的这句话不仅记录了比特币系统启动和创世区块生成的时刻，也表达了其对当时遭遇全球金融危机冲击、看起来摇摇欲坠的现代金融体系的嘲讽。

图1-1　2009年1月3日《泰晤士报》头版

从2009年1月3日的创始区块开始，在比特币的账本上每10分钟就有新的数据区块被增加上去，新的比特币也随之被发行出来，与之相关的比特币去中心网络也逐步扩展到现在的由数万个节点组成的全球网络。截至2020年，比特币系统软件全部开源，系统本身分布在全球各地，无中央管理服务器、无任何负责的主体、无外部信用背书，可谓是"三无"系统。近十年来，比特币系统在运行中虽然也曾遭到大量黑客的无数次攻击，但却一直都在稳定运行，没有发生过重大事故，这充分展示了该系统背后技术的完备性和可靠性。因此，随着比特币的风靡全球，全球对于比特币底层技术——区块链技术的研究和应用挖掘也越发深入。

第二节　比特币的运行逻辑

为了能够对比特币的运行逻辑有一个基本认知，我们首先从一个关于如何记账的小故事开始。

从前，有一个叫比特村的古老村落，里面住着一群村民，村里有一个让所有村民都信赖的德高望重的村长。当村里有人出工或者买卖种子肥料等业务时，都会依靠村长记账来维护和记录村民之间的账务往来。由村长统一来记账有好处，也有不足。比如，两家人要记录一笔钱的借款，但是几次去找村长，他都不在家，没法记账；又比如，村长老眼昏花，记错了；再或者村长家着火了或者家里进小偷了，这个账本可能就消失了，这个时候整个村的账就不明不白了。

经过一番讨论，大家决定轮流来记账，这个月 Alice，下个月 Bob，防止账本被一个人拿在手里。于是，村里的账本由大家轮流来保管，一切又相安无事了。直到有一天，Alice 想要挪用村里的公款，可是他又怕这件事情被后来记账的人发现，怎么办呢？Alice 决定烧掉账本的一部分内容，这样别人就查不出来了，回头只要告诉大家自己不小心碰到蜡烛，别人也没什么办法。果然，出了这件事情以后，大家也无可奈何。可是紧接着，Bob 也说不小心碰到蜡烛了，Lily 说不小心掉到水里了……终于大家决定坐下来重新讨论这个问题。

经过一番争论，大家决定启用一种新的记账方法：每个人都拥有一本自己的账本，任何一个人改动账本都必须要告知所有其他人，其他人会在自己的账本上同样记上一笔；如果有人发现新改动的账目不对，可以拒绝接受，到了最后，以大多数人都一致的账目表示为准。果然，使用了这个办法后，很长一段时间内都没有发生过账本问题，即便是有人真的不小心损坏了一部分账本的内容，只要找到其他人去复制一份就行了。这样，一个不需要村长（中心节点）却能让所有村民都能达成一致的记账系统就此诞生了，如图 1-2 所示。

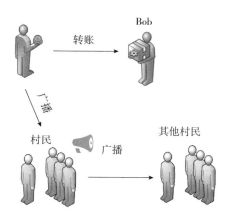

图 1-2　比特币运行逻辑示意图

当然，要保证这个记账系统的正常运行，还需要解决如下三个问题：记的账在后面会不会被篡改？村民有什么动力帮别人记账？这么多人记账，万一记得不一致，以谁记的账为准呢？而比特币系统则较好地解决了上述三个问题，具体而言：

第一，比特币采用了两种策略保证账本不可篡改。一方面，人人记账。人人手中都维护一本账本，这样即使某个人改了自己的账本，他也无权修改其他村民手上的账本，修改自己的账本相当于"掩耳盗铃"，他人并不会认可。另一方面，采用"区块+链"的特殊账本结构。在这种账本结构中，每一个区块保存着某段时间内所发生的交易，这些区块通过链式结构连接在一起，形成了一个记录全部交易的完整账本。如果对区块内容进行了修改就会破坏整个区块链的链式结构，导致链条断裂，从而很容易被检测到。这两个策略保证了从全局来看整个账本是不可篡改的。

第二，有什么动力要帮别人记账？这涉及比特币系统中的激励机制。参与记账的村民，被称作"矿工"。这些矿工中，首个获得记账权的人将获得一笔奖励，这笔奖励就是若干个比特币，这也是比特币发行的唯一来源，这种奖励措施使众多矿工积极参加记账。此外，所有人都会分别复制被认可的账本，从而保证所有人维护的账本是完全一致的。

第三，如果村民们都因为有激励而争抢着记账并努力让自己的记账被认可，怎么确定以谁记的账为准呢？对此，村民们想到了一个公平的办法：对每一块账本（类比为现实账本中的一页），他们从题库中找到一道难题，让所有参与记账的"矿工"都去破解这道难题，谁最先破解了，该页/块就以他记的账为准。这个破解难题的过程就被称为"挖矿"，即工作量证明的过程。这个难题的解答过程需要不断尝试，较为困难，但是找到答案发给别人后，别人很容易验证答案的正确性。

综上所述，比特币通过"区块+链"的分布式账本保障了交易的不可篡改，通过发放比特币的激励措施激励了"矿工"的参与，通过计算难题（工作量证明）解决了记账一致性的问题。这样，完美地形成了一个不依赖任何中间人即可完成记账的自动运行系统。

第三节　比特币的基础知识

比特币是一种加密数字货币，交易双方需要类似电子邮箱的"比特币钱包"和类似邮箱地址的"比特币地址"。和收发电子邮件一样，汇款方通过个人计算机或智能手机，按收款方地址将比特币直接付给对方。

一、地址、公钥与私钥

在比特币交易中，经常会听到钱包、私钥、公钥和地址等一系列的名词，它们是按照如下的流程产生的：

首先，通过某种随机数生成算法产生出一个 256 位的字符串作为私钥，然后再使用椭圆曲线加密算法（Elliptic Curves Cryptography，ECC）对这个私钥计算生成公钥；此后，公钥再通过一系列的哈希计算和 Base58 编码得到钱包地址。这个过程可以表示为：钱包生成私钥→私钥生成公钥→公钥生成公钥哈希→公钥哈希生成地址→地址用来接受比特币，如图 1-3 所示。

图 1-3　私钥、公钥与地址

比特币钱包是一个形象的概念，就是保存和管理比特币地址以及对应公私钥对的软件。根据终端类型的不同，比特币钱包可以分为桌面钱包、手机钱包、网页钱包和硬件钱包。

私钥是由钱包软件随机生成的一串随机数，随后用密码算法生成公钥和地址，公私钥之间存在一一对应的关系。比特币地址是由字母和数字构成的一串字符，并由 1 或者 3 开头，例如 "1AwsnA9otZZQyhkVvkLJ8DV1tuSwMF7r3v"，地址可以用于接收别人转币，也可以作为转币的凭证。每个比特币地址都会有一个相对应的私钥，一个地址有且只有一个私钥并且不能修改。私钥绝对不能公开，因为只有它可以证明用户对该地址上的比特币拥有所有权。可以简单地把比特币地址理解成为银行卡号，在交易中被引用，用于指明一笔交易中资金的来源及去向；该地址的私钥理解成为所对应银行卡号的密码，用于在转账时进行身份验证，只有在知道银行卡密码的情况下才能使用银行卡中的钱，从而保证用户的资金安全。所以，在使用比特币钱包时需要保存好地址和私钥。

二、挖矿、矿机与矿池

当用户向比特币网络中发布交易后，需要有人将交易进行确认，形成新的区块，串联到区块链中。那么，在一个互相不信任的分布式系统中，该由谁来完成这件事情呢？比特币网络采用了"挖矿"的方式来解决这个问题。

1. 挖矿

所谓"挖矿"，就是将一段时间内比特币系统中发生的交易进行确认，并记录在区块链上形成新的区块，即比特币的货币发行过程。其中挖矿的人，也是通过不断重复哈希运算来产生工作量证明的各网络节点，被称作"矿工"。简单来说，挖矿就是记账的过程，矿工是记账员，区块链就是账本。

由于比特币系统的记账权利是去中心化的，这就意味着每个矿工都有记账的权利，只要成功抢到记账权，矿工就能获得系统新生成的一定数量的比特币奖励。因此，从这个意义上来说，挖矿就是生产比特币的过程。

目前，每10分钟左右生成一个不超过1MB大小的区块（记录了这10分钟内发生的验证过的交易内容），串联到最长的链尾部，每个区块的成功提交者可以得到系统6.25个比特币的奖励（该奖励作为区块内的第一个交易），以及用户附加到交易上的支付服务费用。即便没有任何用户交易，矿工也可以自行产生合法的区块并获得奖励。系统规定产生每个区块的奖励最初是50个比特币，每隔21万个区块奖励会自动减半（大约4年时间），最终比特币总量稳定在2100万个。因此，比特币是一种通缩的货币。

2. 矿机

所谓"矿机"，就是比特币系统中用于赚取比特币的计算机。随着比特币挖矿难度的大幅提升，挖矿速度逐步成为保证挖矿成功率的关键因素。在这一过程中，矿机从最初的台式机、笔记本电脑等通用型计算机，发展到挖矿专用矿机；挖矿芯片也经历了CPU（计算机中央处理器）挖矿到GPU（计算机图形处理器，相对于CPU具有更强的运算能力）挖矿到FPGA（现场可编程门阵列）挖矿，目前已经发展到ASIC（专用集成电路）挖矿和大规模集群挖矿时代。

挖矿速度，专业的说法叫算力，就是矿机每秒能做多少次哈希碰撞。算力是挖比特币的能力，算力越高，挖的比特币越多，回报越高。

3. 矿池

由于比特币中网络全网的运算能力在不断地呈指数级别上涨，矿机的硬件发展水平会有一定的"天花板"，单个设备或少量的算力都已经无法在比特币网络上获取奖励。在全网算力提升到一定程度后，过低的获取奖励的概率促使一些机构或个人开发出一种可以将少量算力合并联合运作的方法，出现了团体式的矿机，称为"矿池"。

简言之，矿池就是将大量的单体矿机组合起来，甚至是将分布在不同地域的矿机组合起来形成一个具备强大算力的矿机组织，进行挖矿计算。矿池的作用是集合大量矿机算力，增大矿工得到比特币的概率。在这一机制下，不论单体矿工所能使用的算力是多少，只要是通过加入矿池来参与挖矿活动，无论是否挖出有效的区块，都可以通过对矿池的贡献来获得少量比特币的奖励，即多人合作挖矿获得的比特币奖励也由多人依照贡献度分享。

三、节点

比特币作为一种去中心化、点对点的电子现金系统，系统中每个参与者都是一个节点，节点与节点之间是平等的。每笔交易由发起方向周围的节点进行广播，节点收到之后再广播给自己周围的节点，最终扩散至全网。因此每个比特币节点都是钱包、挖矿、区块链数据库、路由服务的功能集合。每个节点都参与全网络的路由功能，同时也可能包含其他功能。每个节点都参与验证并传播交易及区块信息，发现并维持与对等节点的连接。

1. 节点功能

功能一：钱包管理。这里的钱包指的是钱包软件，钱包的功能包含收集钱包中地址相关的 UTXO（Unspent Transaction Output）、统计相关地址余额、构建交易、发送交易等转账相关功能和密钥管理、比特币地址管理等。

功能二：挖矿管理。挖矿功能包括收集交易信息、制作区块头、运行比特币工作量证明算法、参与 PoW 算力比拼、找到随机数、生成新区块，并获得区块奖励和手续费。

功能三：完整区块链数据。保存和维护一份完整的、最新的区块链副本，能够独立自主地校验所有交易，而不需借助任何外部参照信息。

功能四：网络路由。每个节点都具备全网络的路由功能。所有的节点都有义务执行比特币协议，参与验证和传播（转发）交易、区块信息，查找其他节点等功能，以维持整个网络的连接。

2. 节点类型

在比特币系统中，并非每一个节点都具备所有功能模块。根据不同的应用需求，节点可聚焦特定的目标，从而形成不同类型的节点，如表1-1所示。其中：

（1）普通全节点。该类节点提供完整区块链和网络路由功能，存储了从创世区块以来的所有区块链数据（比特币网络现在大约有几十 GB，且还在不断增长中），是保持网络规模和正常运行的种子，可以为其他节点提供区块链数据、参与共识验证等。其优点是进行数据校验时不需要依靠别的节点，仅依靠自身就可以完成校验更新等操作，缺点是硬件成本较高。

（2）Bitcoin Core 节点。该类节点是比特币的核心节点，具有钱包管理、挖矿管理、网络路由和完整区块链数据全部功能，是功能最为全面的节点。Bitcoin Core 节点是构成比特币网络的主干群体。

（3）独立矿工节点。该类节点的主要工作是挖矿，附带完成转发、验证功能。但是因为挖矿需要下载完整区块链，所以独立挖矿节点也包括完整区块链数据。

（4）SPV（Simplified Payment Verification）钱包节点。该类节点也被称为轻节点，这类节点通常只关心和自己钱包中地址相关的交易，因此不用下载完整的区块链。此类节点只需要存储部分数据信息，当需要别的数据时，通过简易支付验证方式（SPV）向邻近节点请求所需数据来完成验证更新，例如只进行交易的智能手机等终端。

（5）矿池服务器节点。该类节点的主要功能是通过搭建专门的矿池服务器与比特币的分布式网络直接通信，矿池服务器节点保存了完整的区块链。

（6）矿池挖矿节点。在矿池中，矿池挖矿节点只需要跟服务器（矿池服务器节点）通信即可开展挖矿工作，因此这类节点不用保存完整的区块链，从而节约存储成本。

前四类为基本节点（见表 1-1），如果涉及矿池挖矿，才有后面的两种节点。

表 1-1　节点功能模块表

节点类型	功能模块
普通全节点	完整区块链数据、网络路由
Bitcoin Core 节点	钱包管理、挖矿管理、完整区块链数据、网络路由
独立矿工节点	挖矿管理、完整区块链数据、网络路由
SPV 钱包节点	钱包管理、网络路由
矿池服务器节点	网络路由、完整区块链数据
矿池挖矿节点	挖矿管理

四、UTXO

在比特币系统中，比特币的交易模型和平时使用的银行账户有所不同，它没有账户余额的概念，所有交易都采用 UTXO（Unspent Transaction Output）模型。

所谓 UTXO，是指"未花费的交易输出"，每一笔比特币交易（Tx）实际上都是由若干个交易输入（Tx_in，也称资金来源）和输出（Tx_out，也称资金去向）组成。每一笔的交易都要花费"输入"，然后产生"输出"，这个产生的"输出"就是所谓的"未花费的交易输出"，也就是 UTXO，见图1-4。

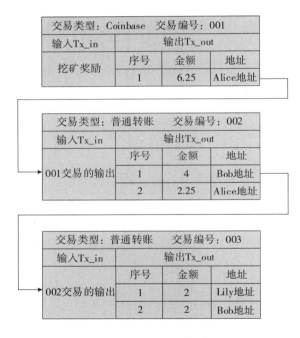

图1-4　UTXO 模型

图1-4所示的比特币交易事务结构中，其中的交易事务数据所涉及的存储是图1-4所示的输入和输出，并且"输入"和"输出"彼此对应，或者更准确地说，"输入"就是指向之前的"输出"。其中：

（1）001 号交易为 Coinbase 交易，也就是挖矿交易。在这个交易中，"输入"部分没有对应的"输出"，而是由系统直接奖励发行比特币，Alice 挖矿得到了 6.25 个比特币的奖励，放在 001 号交易的"输出"部分。此时，对于 Alice 来说，拥有了这 6.25 个比特币的支配权，这 6.25 个比特币的输出可以作为下一笔交易的"输入"。顾名思义，这笔"输出"就称之为 Alice 的未花费输出，也就是 Alice 的 UTXO。

（2）002 号交易为 Alice 向 Bob 转账 5 个比特币。在这个交易中，Bob 需要 4 个 BTC，Alice 找到了自己的 UTXO（如果 Alice 不止一笔 UTXO，可以根据一定的规则去选用，比如将小金额的先花费掉），转账 4 个比特币到 Bob 的地址，还有 2.25 个比特币"找零"给自己，因此 Bob 得到 4 个比特币作为自己的 UTXO，Alice 得到 2.25 个比特币作为自己的 UTXO，同时把这些信息记录在 002 这笔交易中。

（3）003 号交易为 Bob 向 Lily 转账 2 个比特币。在这个交易中，Bob 转账了 2 个比特币到 Lily 的地址，过程与 002 号交易相同。

既然比特币交易就是各种 UTXO 组成，但是没有账户，怎么确定某个 UTXO 属于谁呢？

在比特币网络中，对应交易是通过使用输入脚本程序（也称为"锁定脚本"）和输出脚本程序（也称为"解锁脚本"）来实现的。例如，Alice 通过"锁定脚本"，利用自己私钥签名解锁自己的 UTXO，然后再通过对方 Bob 提供的公钥锁定新的"输出"，成功后，这笔新的"输出"就成为了对方的 UTXO（Alice 就把自己的 UTXO 变成 Bob 的 UTXO），而如果 Bob 想转账给 Lily，则需要输入自己的私钥来解锁自己的 UTXO。私钥是唯一的，只有拥有私钥，才能真正掌握资产的使用权。

在比特币系统中，除了创世区块和后来挖矿产生的区块中给矿工奖励的交易（Coinbase）没有输入之外，某笔交易的输入必须是另一笔交易未被使用的输出，同时这笔输入也需要上一笔输出地址所对应的私钥进行签名，只有满足了来源于 UTXO 和数字签名条件的交易才是合法的。所以区块链系统中的新交易并不需要追溯整个交易历史，就可以确认当前交易是否合法，因此，比特币的 UTXO 交易模型有效避免了双重支付的问题。

五、比特币分叉

软件由于方案优化、BUG 修复等原因进行升级是一种十分常见的现象，例如手机应用等传统软件，升级非常简单，只需厂商发布，用户接受升级即可。但是对于比特币这种去中心化的系统，升级是非常困难的，需要协调网络中每个参与者，需要在全网的配合下进行升级。升级意味着运行逻辑的改变，涉及更改交易的数据结构或区块的数据结构。在比特币中，由于分布在全球的节点不可能同时完成升级来遵循新的协议，从而导致不同节点在一定时间内运行不同的版本，于是就会出现新旧分叉。

对于一次升级，如果把网络中升级的节点称为新节点，未升级的节点称为旧节点，根据新旧节点相互兼容性上的区别，可分为软分叉（Soft Fork）和硬分叉（Hard Fork）。

1. 软分叉

如果比特币升级后，新的代码逻辑向前兼容，即新规则产生的区块仍然会被旧节点接受，旧节点仍然能够验证接受新节点产生的交易和区块，则称为软分叉。旧节点可能不理解新节点产生的部分数据，但不会拒绝。由于软分叉向前兼容，新旧节点仍然运行在同一条区块链上，并不会产生两条链，因此对整个系统的影响相对较小。

2. 硬分叉

如果新的代码逻辑无法向前兼容，即新规则产生的区块无法被旧节点接受，旧节点不接受新节点产生的交易和区块，则称为硬分叉。由于硬分叉不向前兼容，旧节点无法验证新版本的区块而拒绝接受，仍然按照旧的逻辑只接受旧版本矿工打包的区块。而新版本产生的区块则只会被新版本矿工接受，因此新版本节点保存的区块会和旧版本节点保存的区块产生差别，会形成两条链（旧链和新链）。

硬分叉修改余地很大，方案设计比较简单，但是如果整个网络中有两种不同的意见，就会导致整个生态分裂。当前比特币影响最广泛的硬分叉事件发生于 2017 年 8 月 1 日，由于开发者与矿工在比特币扩容方案上的分歧，比特币由一条链分叉产生一条新的链"比特现金"（Bitcoin Cash，BCH）。

六、比特币与区块链

区块链起源于比特币，并随着以比特币为代表的加密数字货币兴起而家喻户晓。然而，伴随着加密数字货币泡沫的逐步消退，人们越发清醒地认识到，比特币等加密数字货币并不等于区块链。

区块链技术是比特币的底层技术，也是比特币的核心基础架构，但是区块链技术的应用不一定非要有币，各种币只是区块链经济生态和模型中的一部分。

当然比特币是区块链的第一个应用，也是目前为止最成熟的应用之一，客观上推动了区块链的实际应用的发展。

虽说区块链的基本思想诞生于比特币的设计中，但发展至今，比特币和区块链已经成为了两个不太相关的技术。前者侧重于从数字货币角度发掘比特币的实验性意义，后者则从技术层面探讨和研究分布式账本和智能合约可能带来的商业系统价值和商业模式转变。

区块链技术不是一种单一的技术而是多种学科与技术整合的结果，包括密码学、经济学和计算机技术等。这些学科与技术组合在一起，就形成了一种新的去中心化数据记录与存储体系，并对存储数据的区块打上了时间戳，使其形成一个连续的、前后关联的可信数据记录存储结构，最终目的是建立一个保证信用的数据系统。因此，可将其称为能够保证系统信用的分布式数据库。

在区块链系统中，数据记录、存储与更新规则都是为建立人们对区块链系统的信任而设计的，因此系统本身是值得信任的，这正是商业活动和应用推广的前提。因为有了区块链技术，在一个诚信的系统里，许多烦琐的审查手续可以省去，许多因数据缺乏透明度而无法开展的业务可以开展，甚至社会的自动化程度也将大幅度提升。近年来，高盛（Goldman Sachs）、摩根大通（J. P. Morgan）和纳斯达克（NASDAQ）等国际金融机构之所以加大对区块链技术的研究，就是因为这些机构的金融业务大都具有标准化程度高、连续性强、自动化需求大、对信用度要求高等特点，而这些特点也正好与区块链技术的应用场景相一致。

第四节　比特币交易流程

比特币交易是比特币系统中最重要的部分，比特币系统中的网络协议、共识机制等设计，都是为了确保比特币交易的生成、传播、验证和记录。比特币交易是从一个比特币地址向另一个比特币地址进行转账的过程，每个交易可能会包含多笔转账，其本质上代表了价值转移。

比特币交易的安全性通过密码学来保障，每一次比特币交易数据都会向全网进行广播，经过分布式网络节点共同参与的一种称为工作量证明的共识过程来完成比特币交易的验证，并记入区块链（分布式总账）。比特币交易有两种类型：一种是 Coinbase 交易，也就是挖矿奖励的比特币，这种交易没有发送人；

另一种就是常见的普通交易了，即普通地址之间的转账交易。

一笔比特币交易的生命周期从它被创建的那一刻开始。发起一笔比特币转账后，要将交易广播到全网，挖矿节点接到这笔交易后，先将其放入本地内存池对交易有效性进行独立检验（比如，该笔交易费的比特币是否是未被花费的交易）。通过独立验证的交易会被放入节点自己的"未确认交易池"，等待被打包，同时继续向其他节点广播；没有通过验证的交易直接被拒绝并不再广播。等到这笔交易被网络上的大部分节点验证后，交易会最终被一个获得记账权的节点验证打包，并记录到链上一个还记录有多笔其他交易的区块中，如图1-5所示。上述这一过程，具体包括以下步骤：

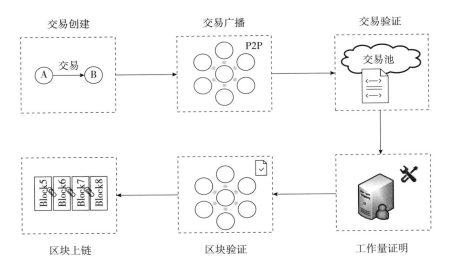

图1-5 比特币交易流程

第一步：交易创建。比特币交易可以在线上或线下被任何人创建，但要使交易有效，则需要由一个或多个私钥对交易进行数字签名，以表明具备交易中发送方地址所指向的比特币资金的所有权。

第二步：交易广播。一笔比特币交易经过签名后，就不会泄露任何机密信息、私钥或密码了，可以被公开传播。当前所有者将交易信息广播到全网，各节点将收到的交易信息存入一个区块中。每个节点都将从网络中收集交易数据并广播给相连接的其他节点。在传播每一笔交易之前，节点均进行独立验证，以确保交易有效性，异常交易无法在网络中传播。由于比特币网络是一个点对点网络，交易的传播非常迅速，就像指数级扩散的波一样，几秒钟之内全网节点都会收到。

第三步：工作量证明。每个节点维护了一个交易池，用于临时存放未经确认的交易。每个节点利用自身算力，按照工作量证明机制寻找随机数；找到后，向全网所有节点广播此区块，争取获得创建新区块的权力。

第四步：区块验证。当一个节点获得随机数后，就向全网广播该区块记录的盖时间戳的所有交易，并由全网其他节点进行核对，确认此区块包含的所有交易是否有效，确保所有交易没被重复花费且具有有效数字签名。

第五步：区块上链。全网其他节点核对该区块记账的正确性，确认正确无误后，获得记账权的节点将该数据区块正式加到链的最后，成为最新的一个正式区块，并获得挖矿奖励。最初，每次成功完成一个数据区块，可以得到 50 个比特币的奖励，这个奖励每四年减少到一半，这就使得自 2020 年 6 月开始，每完成一个区块只能获得 6.25 个比特币的奖励。

但是此时这笔交易的交易输出还不能被使用，要等到比特币系统中在这个区块之上又生成足够多的区块后（通常为 6 个），该笔交易才能成为比特币系统的一部分，这时交易输出就可以在下一笔交易中使用。

第五节　比特币和其他币种的关系

比特币作为一种数字货币，在综合运用密码算法、分布式网络和共识机制后，实现了去中心化的点对点支付，与法币、黄金、虚拟货币等相比较，在发行主体、信用背书、记账方式和应用场景等方面有着本质的区别，见表 1-2。

表 1-2　比特币与其他币种的区别

种类	发行主体	信用背书	记账方式	应用场景	增值幅度
比特币	无发行主体，由全体矿工通过算力竞争，共同发行	没有组织或个人进行背书，人们基于对比特币背后的加密算法信任及其理念，而认可其价值	通过算力竞争争夺记账权，且全体共同验证，并备份完整账本信息	全球广泛认可，只要有人使用比特币就都能兑换，手续费低，不受国界限制	总量 2100 万个，数量恒定，不存在通货膨胀，一直处于增值状态

种类	发行主体	信用背书	记账方式	应用场景	增值幅度
法币	各国政府央行发行	用国家主权的信用作背书	各国银行统一记账	各国内部使用，如果需要别国法币，需要去银行兑换，手续费高	因为每年都会印钞，各国法币处于通货膨胀、贬值状态
黄金	自然开采，绝大多数由政府控制	因为稀少且不易腐蚀，是人类历史上达成共识的硬通货	各国政府记账	避险投资，实物黄金、黄金 T+D、纸黄金、现货黄金、国际期货黄金（俗称伦敦黄金）等	—
虚拟币（以 Q 币为例）	由腾讯公司发行	由腾讯公司背书，人们基于对腾讯公司的信任而认可 Q 币的价值	统一由腾讯公司记账	只能在腾讯体系内使用	—

资料来源：https：//www.odaily.com/post/5144511。

一、比特币和法币

比特币和法币最大的区别就是抗通胀性，法币没有数量上限，而比特币只有 2100 万个。各国的法币是国家的信用象征，用国家信用作背书，除非改朝换代，否则一直有效。但是法币最大的问题就是，国家一直在通过不停地发行钞票来换取实物或者劳动力。现实中看到的物价上涨，与法币的发行机制有密切关系，因此，任何实物的价值没有改变，变的只是它对应法币的数量。个人持有的法币存入银行，银行可以冻结、转移、修改并且控制使用。与法币的上述特点相比，比特币的数量有限，不会有增发和通货膨胀的问题，比特币存放在私人的钱包地址里，没有人可以冻结、转移和修改。

二、比特币和黄金

比特币和黄金的相似之处在于不受主权国家控制，都有较好的内在价值、被认可、在全球流通。黄金和比特币的唯一区别在于运输、储藏和方便性等方面。近年来，比特币和黄金的避险属性越来越接近，只要国际局势一动荡，黄金和比特币的价格就会上涨。由于除了实物黄金以外，其他均为黄金的衍生品，无法实实在在获得，而实物黄金不便于携带，而且需要通过专业的机构来鉴定真伪，因此其流通性不及比特币。

三、比特币和虚拟币

虚拟币（以 Q 币为例）由腾讯公司控制，腾讯公司可以通过调整规则而随意更改个人持有的虚拟币数量和虚拟币的价值。如果腾讯公司倒闭了，虚拟币就没有任何价值。而比特币不是由个人或组织发行，也不受别人控制，没有任何人可以篡改其数量和价值，除非全球同时断网断电，否则它将一直存在。

当然，比特币也存在一些缺点，诸如交易平台脆弱、交易确认时间长、价格波动极大、大众对交易原理不理解以及暂时还无法同时处理大量交易等。因此，虽然部分国家政府（例如日本、韩国、新加坡和澳大利亚等）认可比特币具有货币属性，但多数国家的政府却不认可，而是将比特币直接定义为商品。

在我国，中国人民银行等五部委联合发布的《关于防范比特币风险的通知》中，禁止金融机构介入比特币，并提出："比特币是一种特定的虚拟商品，不具有与货币等同的法律地位，不能且不应作为货币在市场上流通使用。但是，比特币交易作为一种互联网上的商品买卖行为，普通民众在自担风险的前提下拥有参与的自由。"

对于比特币的底层技术——区块链技术的研究与应用，我国政府十分支持。早在 2016 年 10 月，工信部就发布了《中国区块链技术和应用发展白皮书（2016）》；2016 年 12 月，区块链被列入了《"十三五"国家信息化规划》；特别是在 2019 年 10 月 24 日，中共中央政治局专门就区块链技术发展现状和趋势进行集体学习。习近平总书记指出，区块链技术应用已延伸到数字金融、物联网、智能制造、供应链管理和数字资产交易等多个领域，并强调："区块链技术的集成应用在新的技术革新和产业变革中起着重要作用。我们要把区块链作为核心技术自主创新的重要突破口，明确主攻方向，加大投入力度，着力攻克一批关键核心技术，加快推动区块链技术和产业创新发展。"

第二章

区块链基本简介

第一节　区块链的定义

　　尽管关于区块链的描述最早出现在 2008 年由化名为中本聪所撰写的《比特币：一种点对点的电子现金系统》的研究报告中，但该报告并没有明确提出区块链的定义和概念，只是将区块链描述为用于记录比特币交易的账目历史。2015 年，《经济学人》在其封面文章——《区块链技术重塑世界》一文中提出："区块链可以在没有中央权威机构的情况下，为交易双方建立起信任关系，即区块链是一种创造信任的机器。"

　　根据我国工信部发布的《中国区块链技术和应用发展白皮书（2016）》，区块链可以从狭义和广义两个维度来定义。狭义来讲，区块链是一种按照时间顺序将数据区块以顺序相连的方式组合成的一种链式数据结构，并以密码学方式保证分布式账本的不可篡改和不可伪造。从广义来看，区块链技术是利用块链式数据结构来验证与存储数据、利用分布式节点和共识算法来生成和更新数据、利用密码学的方式保证数据传输和访问的安全、利用由自动化脚本代码组成的智能合约来编程和操作数据的一种全新的分布式基础架构与计算范式。

　　从技术视角来看，区块链在本质上是一种分布式、去中心化的网络数据库系统，是一种把数据以区块为单位产生和存储、并按照时间顺序首尾相连形成的链式数据结构，同时通过密码学保证不可篡改、不可伪造及数据传输访问安全的去中心化分布式账本，如图 2-1 所示。在这个网络中可以发生无数各类交易，所有的交易都由网络的全部节点参与确认和维护，通过共识机制来保证交易与信息的安全和有效性。与此同时，网络中的全部交易数据以加密形式储存到网络的所有节点上，并通过合理的机制设计来保证系统在不需要中心机构的前提下可追溯与稳定运行。

图 2-1　区块链示意图

通俗地说，我们可以将区块链看作是一本公开的"总账"，网络上的每一个节点都保存着这本"总账"的副本，总账的每一"页"就是一个区块，存储着一段时间内的系统内所有交易的加密信息，而且每一页都包含着前一页的"页码"（即前一个区块的地址），从而形成了一条时间链和物理空间链，在理论上使得每一笔交易都可以追溯至最初的本源。由于每一个节点都有总账的副本，如果任一个节点想要伪造交易，则需要修改全网每一个节点的总账。但时间有限、计算资源有限，因此想通过伪造区块、伪造历史交易来达成私利，这在区块链中是无法做到的。也就是说，区块链系统中的单一节点无法对历史交易进行篡改，这就确保了数据的可靠性和安全性。

此外，在区块链这本"总账"中，每一次新增加一页（也就是增加一个新的区块），都需要通过一种算法取得全网络 51% 以上节点的认可才能构成区块链。可见，与传统网络或交易相比较，区块链系统的网络共识替代了传统的网络中心，通过公开和透明的机制来建立交易信任，彻底根除了网络中心出现失效或舞弊的风险。

第二节　区块链的特性及价值

一、区块链的特性

1. 去中心化

去中心化是区块链最基本的特征，意味着区块链不再依赖于中央节点，而是通过分布式网络结构建立节点间的信任关系，实现数据的分布式记录、存储和更新。

由于使用分布式存储和算力，不存在中心化的硬件或管理机构，全网每一个节点的权利和义务均等，系统中的数据本质是由全网节点共同维护的。同时区块链中每个节点都必须遵循同一规则、每次数据更新需要网络内其他用户的批准，并且所遵循的规则基于纯数学方法的密码算法而非信用。因此，区块链系统中的交易不需要第三方中介机构或信任机构的背书。

在传统的中心化网络中，对一个中心节点实行攻击即可破坏整个系统；而在一个去中心化的区块链网络中，攻击单个节点无法控制或破坏整个网络，掌握网内超过 51% 的节点只是获得控制权的开始而已。因此，去中心化特性的价值主要体现在容错力、抗攻击力、防勾结串通等方面。

2. 透明可信

区块链的本质是解决信任问题。由于区块链系统的数据记录对全网节点是透明的，数据记录的更新操作对全网节点也是透明的，这是区块链系统值得信任的基础。此外，区块链系统的特点是使用开源的程序、遵循开放的规则和拥有高参与度。因此，区块链数据记录和运行规则可以被全网节点审查、追溯，具有很高的透明度。

3. 开放性

区块链系统是开放的，除了数据直接相关各方的私有信息被加密外，区块链的数据对所有人公开（具有特殊权限要求的区块链系统除外）。任何人或参与节点都可以通过公开的接口查询区块链数据记录或者开发相关应用，因此整个系统信息高度透明。

4. 自治性

区块链采用基于协商一致的规范和协议，使整个系统中的所有节点能够在去信任的环境中自由且安全地交换数据、记录数据、更新数据，把对个人或机构的信任转变成了对体系和机器的信任，使其具有更强的自治性。

5. 防篡改

在区块链系统中，通过向全网广播的方式，让每个参与维护的节点都能通过复制获得一份完整的数据。因此，区块链系统的信息一旦经过验证并添加至区块链后，就会永久存储，无法更改（具备特殊更改需求的私有区块链等系统除外）。除非能够同时控制系统中超过 51% 的节点，否则单个节点上对数据的修改是无效的，因此区块链的数据稳定性和可靠性极高。

6. 匿名性

区块链技术解决了节点间信任的问题，采用与用户公钥挂钩的地址来做用户标识，不需要传统的基于 PKI（Public Key Infrastructure）的第三方认证中心（Certificate Authority，CA）颁发数字证书来确认身份。因此，区块链中的数据交换甚至交易均可在匿名的情况下进行。由于节点之间的数据交换遵循固定且预知的共识算法，其数据交互是无须信任的，可以基于地址而非个人身份进行，因此交易双方无须通过公开身份的方式让对方产生信任。

二、区块链的价值

1. 区块链改善生产关系

生产关系是人们在生产过程中形成的社会关系。它是生产方式的社会形式，其中包括生产资料的所有权问题、人们在生产过程中的地位和相互关系以及收益分配的形式。

农业时代生产资料归地主所有，工业时代、信息时代生产资料归资本家（企业主）所有，而区块链技术的出现使生产资料的所有权发生了改变，区块链数据不一定需要存储在巨头（例如阿里巴巴、腾讯、百度等）手中。

生产资料的改变，使人与人之间的关系和收益分配形式也发生了变化。传统的商业模式以及现在的互联网商业都是由巨头垄断的，生产者、消费者无法得到相应的权益。而区块链对现有的利益关系进行了重新分配，从而改变了整个社会的生产关系。

2. 区块链促进降本增效

区块链系统的去中心化特征，决定了所有的交易均由参与方通过共识机制建立分布式共享账本，参与方通过区块链网络对交易内容进行提交、确认、追溯等操作。换言之，区块链网络中的所有信息都是经过多方共识、可信、不可篡改的。这极大地简化了传统交易模型中所要面对的冗长的交易审查、确认等流程，大幅提升了数据获取、共识形成、记账对账、价值传递的效率，从而进一步打通了上下游产业链，大幅减少不必要的中介组织和中间环节，降低对中心化机构的依赖，提升了各行业供需有效对接的效率，促进实体经济降本增效。

2019 年，我国已经正式将数据列为与劳动、资本、土地、知识、技术、管理同等重要的七大生产要素之一，着力推进建立数据要素市场制度。但由于数据确权难、追溯难、利益分成难，因此数据还无法实现市场化高效配置和有序流通，严重制约了数字经济的发展。基于区块链的分布式、不可篡改、可追溯、透明性、多方维护和交叉验证等特性，可以实现数据权属的有效界定，数据流通能够被追踪监管，数据收益能够被合理分享，进一步释放数字经济创新活力。

3. 区块链缩短信任距离

人类近代生活方式的改变和进步与科学技术的发展有着直接的关系。每一次科技变革总是在不断地拓展人类活动疆域的同时缩短着彼此的距离，为人们带来便利。

如图 2-2 所示，交通工具的发明拓展了人类的活动半径，缩短了人们地理上的距离；通信工具的发明拓展了人类的"对话"半径，缩短了物理上的距离；互联网的发明拓展了人类获取信息的半径，缩短了信息的距离；人工智能的发明拓展了认知的半径，缩短了认知世界的距离。如今，区块链缩短信任的距离，带来了一次新的半径拓展。区块链可以不依托权威中心和市场环境，形成基于密码算法的信任机制，使得远隔万里、从未谋面乃至永不会谋面的陌生人能够建立信任关系，拓展了人类信任的半径，从而使得陌生人合作成为可能。在区块链网络中，人人平等，所有信息开放、透明、可追溯、不可篡改，人们可以在没有任何中心机构存在的前提下实现价值交换，人与人之间的交互得以进一步简化。区块链技术使得陌生主体之间能够建立基于技术约束的生产关系，使得在陌生环境下开展商业合作成为可能，从而激发出一系列新的业务模式和商业模式。

图 2-2　科技变革缩短了距离

4. 区块链加速价值传递

互联网的发展历程是科学技术飞速发展的历程，也是生产力和生活水平迅猛提高的历程，"科学技术是第一生产力"的论断在科学技术和生产实践中得到了充分检验。21世纪的头20年，互联网给相关行业领域带来了翻天覆地的变化，人们的生活更加便利，经济活动更加活跃，社会更加公平开放。然而，互联网主要解决的是信息的传播问题，信息内容的真假还难以判断，数字资产的转移还存在很多制约障碍。互联网在带来巨大便利的同时，也充斥着越来越多的虚假信息，甚至成为各种新型欺诈行为的温床，人们在越来越依赖互联网的同时，也越来越戒备互联网。

基于区块链技术，通过互联网"无信任"的信任机制，构建了基于技术约束的下一代可信任互联网，解决传统互联网的陌生人信任问题和互联网商业中的价值传输问题，实现数字资产在互联网上高效流通。区块链技术可以有效保护互联网上的数字资产和知识产权，人与人之间进行资产交易会如同发邮件一样便捷。同时区块链技术可以实现透明交易、不可篡改，监管机构还可以实现实时的透明监管，甚至可以通过智能合约对交易实现自动化的合规检查、欺诈甄别。价值互联网是互联网技术由信息互联网发展的必然方向，基于区块链技术的价值互联网必将会更深程度地影响社会生活的方方面面。

第三节　区块链的分类

由于网络范围、开放程度和参与节点的准入机制不同，区块链可以划分为公有链、私有链和联盟链三类。

一、公有链

1. 公有链的定义

公有链（Public Blockchain），就是公开的链，是指全世界任何人都可以随时进入系统中读取数据、发送交易，并竞争记账、获得确认的区块链。也就是说，公有链是对所有人都开放的，是参与程度最广泛的区块链，任何人都能够参与到这条链上来。因为世界上任何个人或者团体，都可以在公有链上发送交易，并且交易能够获得该区块链的有效确认。但没有任何人或者机构可以去控制或篡改其中数据的读写，所以说公有链是公开透明和去中心化的，是每个人都能参与其共识过程的区块链，如图 2-3 所示。目前广为人知的公有链项目有比特币、以太坊、IPFS、EOS 等，其中公有链的始祖是比特币和区块链，IPFS、EOS 也是近年来比较瞩目的项目。

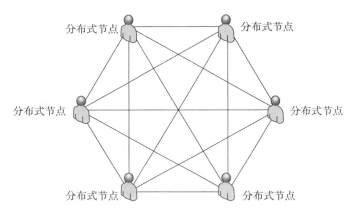

图 2-3　公有链

资料来源：罗金海. 人人都懂区块链［M］. 北京：北京大学出版社，2018.

2. 公有链的特点

公有链作为一种完全分布式的区块链，其特点及优势体现在数据公开、访问门槛低、用户参与程度高等方面，具体而言：

（1）可以保护用户不受开发者的影响。在公有链中，程序开发者没有权利干涉用户，但开发者可以自由进行开发，不受约束。

（2）访问门槛低。任何拥有足够技术能力的人都可以访问公有链，只要有一台能够联网的计算机，就能够满足访问的条件。

（3）所有数据都是默认公开的。公有链中的每个参与者都可以看到整个分布式账本中的所有交易记录，可以看到所有的账户信息和其所有的交易活动，全网的节点都为账户做信用背书。

（4）可以访问到更多的用户、网络节点。在公有链里面，虽然交易者身份是隐藏的，但交易却是公开的。

在实际应用中，公有链也存在一些不足之处，这主要体现在：

（1）交易确认速度慢。因为参与的用户众多，所以需要采用一些规则（如PoW、PoS、DPoS 等）来达成共识，使绝大部分节点能够对一段时间内发生的交易进行共同验证和确认，这就需要花费较长的时间，从而降低了交易确认的速度。

（2）交易保密性难以保证。对于一些需要保持隐秘的交易，一旦被封装到区块链上，它就可以被任一节点访问，虽然节点的具体身份可以保持隐秘，但交易信息却能够被大量节点看到，再加之参与的用户分布广泛，这就使得交易要求的保密性难以保证。

二、私有链

1. 私有链的定义

私有链（Private Blockchain）是与公有链相对的一个概念，是指其写入权限仅在某个组织或者机构手中的区块链，其他人参与节点的权限会受到严格的限制。也就是说，私有链仅仅在组织内部使用，不对外开放。通常认为私有链是最安全的，它仅采用区块链技术进行记账，记账权并不公开，且只记录内部的交易，数据由公司或者个人独享，如图 2-4 所示。

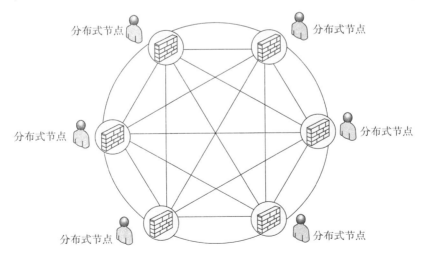

图 2-4　私有链

资料来源：罗金海．人人都懂区块链［M］．北京：北京大学出版社，2018.

2. 私有链的特点

私有链最大的优势是加密审计，即使发生错误也能追踪错误来源。另外，由于私有链验证者是内部公开的，交易的成本会很低，并且不存在部分验证节点共谋进行51%攻击的风险，具体而言：

（1）交易速度非常快。因为所有节点属于同一组织，彼此之间已经完全建立了信任，不需要每个节点通过复杂的共识机制来验证交易，因此一个私有链的交易速度远远高于所有公有链的交易速度，甚至可以接近常规数据库的速度。

（2）能够为隐私提供更好的保护。在私有链中，可以使用与其他区块链完全不同的数据加密算法，使自己这个系统内的数据仅能够被本区块链内各个节点识别和使用，从而大幅提高了信息安全性。

（3）交易成本很低甚至可以为零。由于各个节点之间同属于一个组织，彼此之间可以高度信任，不用再花费资源来验证交易，因此在私有链上可以进行非常廉价甚至完全免费的交易。

（4）有助于保护其基本的产品不被破坏。银行和传统的金融机构使用私有链可以保证它们的既有利益，并保证原有的生态体系不被破坏。

目前，私有链的应用场景一般是企业内部的应用，如数据库管理、审计等；在政府行业也有一些应用，通常由政府登记，公众有权监督，主要涉及政府的预算和执行以及政府的行业数据统计。实践中，有人认为私有链一般由某个企业或组织拥有，并且由这个企业或组织为私有链上的用户提供信用背书，这实际上是一种中心化的存在。此外，也有人认为私有链其实不是区块链，而只是一种分布式账本技术。

三、联盟链

1. 联盟链的定义

联盟链（Consortium Blockchains）是介于公有链和私有链之间，由几个中心化机构联合发起的区块链，是由多个组织或机构通过联盟的形式组建的共同参与管理的区块链。联盟参与者之间通过契约或其他形式建立了信任和共识机制，每个参与者都运行着一个或多个节点，每个节点的权限都完全对等，在不需要完全互信的情况下，就可以实现数据的可信交换。联盟链中的数据只允许系统内不同的机构进行读写和发送交易，并且共同记录交易数据，所以联盟链算是"部分去中心化",如图 2-5 所示。

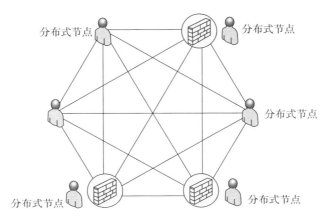

图 2-5 联盟链

资料来源:罗金海. 人人都懂区块链 [M]. 北京:北京大学出版社,2018.

由于联盟链是半公开的,参与区块链的节点是预先指定好的,因此节点的数量和状态也是可控的。同时由于这些节点之间通常有良好的网络连接等合作关系,因此与私有链一样,通常也是采用更加节能环保的共识机制。联盟链可以理解为"缩小规模的公有链"或"扩大规模的私有链"。

2. 联盟链的特点

联盟链作为部分去中心化的分布式区块链,继承了部分去中心化的优点,也避免了高度中心化所带来的垄断压力,具有如下两大优势:

(1)联盟链对区块链数据的访问可以进行权限设定和控制,因而拥有更高的可应用和可扩展性,数据可以保持一定的隐私性。

(2)联盟链节点的数量通常已知,彼此间有稳定的网络连接,因此可以设计更简单、效率更高的共识算法,降低读写成本和时间,提高交易速度和效率。

上述特点适合于机构间的交易、结算或清算等 B2B 场景。

目前,联盟链主要由联盟成员团队进行开发,比较典型的联盟链包括 Hyperledger Fabric 超级账本和 R3 银行区块链联盟。其中,Hyperledger 是由 Linux 基金会主导,成员包括金融、银行、物联网、供应链、制造业和科技产业,旨在促进跨行业的区块链技术的一个开源的全球合作项目。R3 CEV 是一家总部位于纽约的区块链创业公司,由其发起的 R3 银行区块链联盟,至今已吸引了 50 家巨头银行的参与,其中包括富国银行、美国银行、梅隆银行和花旗银行等,中国平安银行于 2017 年 5 月加入 R3 银行区块链联盟。

四、链的比较与选择

公有链、联盟链和私有链互有优势，也各有局限。具体可以从几个方面进行比较，如表 2-1 所示。

表 2-1　公有链、联盟链和私有链对比

特征	公有链	联盟链	私有链
参与者	任何人自由参与	联盟成员	个体或机构内部
共识机制	PoW、PoS、DPoS 等	分布式一致性算法	分布式一致性算法
记账权限	所有参与者	联盟成员协商确定	自定
激励机制	需要	可选	不需要
中心化程度	去中心化	多中心化	多中心化
突出特点	信用的自建立	效率、成本和安全优化	透明和可追溯
运行速度	3~20 笔/秒	1000~10000 笔/秒	1000~100000 笔/秒
应用场景	虚拟货币	支付、结算	审计、发行
交易方式	匿名交易	实名交易	实名交易

随着应用场景的复杂化，区块链技术也会变得越来越复杂。但无论是公有链、私有链，还是联盟链，都只是区块链技术的一个细分，没有绝对的优势和劣势，往往需要根据不同的应用场景来选择适合的区块链类型。

第四节　区块链的工作流程

随着区块链技术的普及，截至目前，已经出现很多基于区块链的系统，比如比特币、超级账本、以太坊等，每一类系统都有自己的特点。但是无论是什么类型的系统，工作方式及工作流程是类似的，在本质上都是同一类技术结构的产物。

区块链的工作流程主要包括如下步骤，如图 2-6 所示。

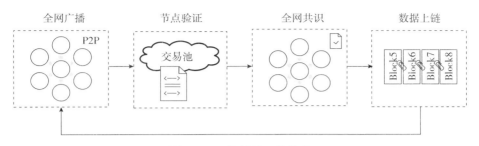

图2-6 区块链的工作流程

第一步，发送节点将新的数据记录利用区块链点对点网络向全网进行广播。

第二步，网络中所有接收节点对收到的数据记录信息进行检验（比如记录信息是否合法），通过检验后，数据记录将被纳入一个区块中。

第三步，全网所有接收节点对区块执行共识算法（工作量证明、权益证明等）争夺记账权。

第四步，通过共识算法的区块被正式纳入区块链中存储，全网节点均表示接受该区块，而表示接受的方法，就是将该区块的哈希值作为最新的区块哈希值，区块链将以该区块为基础进行延长。在区块链系统中，节点始终都将最长的区块链视为正确的链，并持续以此为基础验证和延长它。如果有两个节点同时广播不同版本的新区块，那么其他节点在接收到该区块的时间上将存在先后差异，它们将在先收到的区块基础上进行工作，但同时也保留另一个链条，以防后者变成更长的链。当其中一条链被证实为较长的链，则另一条分支上的节点开始在较长链条上工作，以防止链分叉。

第五节 区块链发展历史

一、区块链基础技术发展历程

目前，区块链技术正在逐渐成为最有可能改变世界的技术之一。但任何产品、技术都不是一蹴而就的，对于区块链来说，也不例外。

1977年，罗纳德·李维斯特、阿迪·萨莫尔和伦纳德·阿德曼一起提出非对称加密算法 RSA，将非对称加密思想第一次落实到具体算法中。

1980 年，拉尔夫·默克尔提出默克尔树（Merkle Tree）数据结构，该数据结构广泛应用于文件系统和点对点网络系统中。目前，比特币中就是利用 Merkle Tree 计算交易根哈希值。

1982 年，莱斯利·兰伯特等人提出"拜占庭将军问题"，用来描述分布式系统中的一致性问题，设法建立具有容错性的分散式系统，让多个基于零信任基础的节点达成共识，并确保信息传递的一致性，这样即使部分节点失效，也依然能确保系统的正常运行。这些是之后比特币区块链在隐私安全方面的雏形。

1983 年，大卫·乔姆发表了论文 *Blind Signatures for Untraceable Payments*。在论文中，他提出盲签名的密码学算法，并用这种算法来实现电子交易中的匿名性，这也是在他所提出的 eCash 中采用的重要的密码学技术。

1985 年，尼尔·科布利茨和维克多·米勒分别独立提出椭圆曲线密码学，首次将椭圆曲线用于密码学，建立了基于椭圆曲线数学的公开密钥加密算法。比特币利用椭圆曲线算法实现其公钥签名体系。

1990 年，大卫·乔姆基于先前理论打造出了不可追踪的密码学网络支付系统 eCash（电子货币），但 eCash 并不是去中心化系统。同年，莱斯利·兰伯特提出一种基于消息传递的一致性算法 Paxos，这个算法被认为是类似算法中最有效的。

1991 年，司徒拔·哈柏与斯科特·斯托涅塔提出，用时间戳确保数据文件安全的协议，之后被比特币区块链系统所采用。

1992 年，斯科特·旺斯通等人提出椭圆曲线数字签名算法。

1997 年，亚当·贝克提出哈希现金（Hash Cash）算法，工作量证明的概念出现在该算法论文中，该算法在当时主要用于反垃圾邮件，后来被比特币系统采纳使用。

1998 年，华裔密码学家戴伟提出一种可匿名、分布式的电子加密货币系统 B-money，引入工作量证明机制，强调点对点交易和不可篡改特性。B-money 被公认为是比特币的精神先驱，它占据了比特币白皮书的参考资源第一位。同时，尼克·萨博提出工作量证明机制，用户竞争性地解决数学难题，通过将解答的结果用加密算法串联在一起公开发布，构建出一个产权认证系统。

1998 年，肖恩·范宁开发了一个音乐搜集程序（P2P 技术），该程序能在互联网上搜索音乐文件，将其整理并做成索引，使用者可以很容易找到自己想要的音乐，该程序被肖恩·范宁命名为 Napster。从此，越来越多的人在互联网上开始使用 P2P 技术。

2001 年，由美国国家安全局（NSA）研发、美国国家标准与技术研究院（NIST）发布的 SHA2 算法诞生。它是一种密码哈希函数算法标准，属于 SHA 算法之一。比特币使用 SHA256 算法计算区块数字摘要，并两次使用 SHA256 算法进行挖矿运算。

2005 年，哈尔·芬尼把工作量证明机制完善为一种"可重复利用的工作量证明"，结合 B-money 与亚当·贝克提出的 HashCash 算法创造一种加密货币实验。

2008 年，中本聪发表《比特币：一种点对点的电子现金系统》白皮书，详细阐述了对电子货币的新构想，即在不具信任的基础上建立一套去中心化的电子交易体系。

2009 年，比特币开始在一个开源的区块链上运行，这是人类历史上的第一个区块链，比特币是区块链的首个应用。此后，国内外各大金融机构争相研究比特币底层技术区块链，努力寻求区块链技术的实际应用。

2012 年，瑞波（Ripple）系统发布，利用数字货币和区块链进行跨国转账。

2017 年，被称为区块链技术应用元年。在金融方面，中国各个银行都对区块链技术进行了落地应用，如中国银行、中国邮政储蓄银行、招商银行和民生银行等。在其他行业，区块链领域的初创公司数目急剧增加。

2018 年，是区块链真正与实体经济结合并爆发的一年，区块链技术落地速度加快。一方面，"单一中心化管理+去中心化协作"的区块链应用如雨后春笋般涌现；另一方面，传统区块链应用项目逐步吸纳代币、通证机制，代币项目逐步与实体经济融合。

二、区块链平台发展历程

1. 区块链 1.0：聚焦于加密数字货币领域

区块链本质上是一种不需要中介参与也可以在互不信任或弱信任的参与者之间维系一套不可篡改的账本记录的技术。在区块链 1.0 阶段，区块链技术的应用主要聚集在加密数字货币领域，典型代表就是比特币系统和从比特币系统代码衍生出来的多种加密数字货币，其目标是实现货币的去中心化与支付手段。

2009 年 1 月，中本聪发表比特币系统论文两个月之后，比特币系统正式运行并开放了源码，这标志着比特币网络的正式诞生，也意味着一场加密数字货币的实验拉开序幕。作为比特币系统的底层技术，这一阶段区块链的价值主要体现在构建一个公开透明、去中心化、防篡改的账本系统，以支撑虚拟货币的应用——与转账、汇款和数字化支付相关的加密货币应用。因此，区块链 1.0 的典型特征是以区块为单位的链状数据块结构、全网共享账本、非对称加密和源代码开源。

2. 区块链 2.0：拓展智能合约应用场景

以 2013 年启动的以太坊系统为标志，业界逐步认识到区块链技术的重要价值，并将其应用于众筹、溯源等非数字货币领域，自此区块链围绕应用领域的不断拓宽而步入 2.0 阶段。区块链 2.0 阶段的特征是：支持用户自定义的业务逻辑，通过采用智能合约、虚拟机等技术，进一步推动去中心化应用（DApp）。

由于合约是经济和金融领域区块链应用的基础，所以智能合约的开发有利于实现各种商业与非商业环境下的复杂逻辑，降低商业交易中的信任和协作成本，从而极大拓展了区块链的应用范围。因此，2013 年以来，区块链技术的应用逐步在多个行业得以重视并落地实施，尤其是在证券、贷款、抵押和产权等领域。

3. 区块链 3.0：去中心化应用的全面推开

以企业操作系统（EOS）、区块链服务（BaaS）为代表的区块链 3.0 被称为互联网技术之后的新一代技术创新，也被称为价值互联网。去中心化的应用正逐步超越货币和金融领域，向政府、医疗、科学、文化、游戏与艺术等经济社会多领域拓展，并呈现大规模、产业化的发展趋势。尤其是在 2020 年的新型冠状病毒肺炎疫情防控期间，区块链技术在疫情防控、慈善捐赠、物资流转以及企业复工复产过程中的应用与作用，更是证明了这一技术的应用价值和巨大潜力。可以预期，带有智能合约技术的新生态系统将被整合、应用到现有行业中，并不断催生出新型的商业模式，从而推动实体经济转型升级、提质增效。

从技术的角度来看，通过电子签名、数字存证、生物特征识别、分布式计算、分布式存储等技术，区块链可以实现一个去中心、防篡改、公开透明的可信计算平台，从技术上为构建可信社会提供了可能。同时区块链与物联网、大数据和人工智能等新兴技术交叉演进，将充分发挥审计、监控、仲裁和价值交换的作用，重构数字经济发展生态，促进价值互联网与实体经济的深度融合，推动更大的产业改革。未来，借助区块链技术可以解决实体经济多个领域的痛点难点：一是解决公平公正问题；二是解决供应链上下游产业协同、协作问题；三是解决数据产生、确权、交换问题；四是解决安全生产、防篡改、强监管的问题。

2018 年 5 月 28 日，国家主席习近平在中国科学院发表讲话："进入 21 世纪以来，全球科技创新进入空前密集活跃的时期，新一轮科技革命和产业变革正在重构全球创新版图、重塑全球经济结构，以人工智能、量子信息、移动通信、物联网、区块链为代表的新一代信息技术加速突破应用。"这从侧面反映了区块链作为"新一代信息技术"的重要组成部分，已在国家战略的顶层设计中被视为创新驱动、重塑全球经济结构的重要工具。

综上所述，区块链 1.0 是区块链技术的萌芽，区块链 2.0 是智能合约在金融方面的技术落地，而区块链 3.0 是为了解决各行各业的互信问题与数据传递安全性的技术落地与实现。

三、区块链技术的发展趋势

1. 区块链从探索阶段进入应用阶段

2018 年 8 月，德勤公司发布了一份题为"2018 年全球区块链调查"的报告，该报告对中国、美国、加拿大、德国、英国、法国、墨西哥 7 个国家、10 个行业年收入超过 5 亿美元的企业中的 1000 多名熟悉区块链的高级管理人员进行了访问调查。结果显示，区块链正处于转折点，正从"区块链测试"转向构建真实的业务应用；区块链正在金融、供应链、物联网等众多传统或新兴行业中得到应用，越来越多的企业正在考虑或已经将业务系统与区块链结合。

与此同时，科技巨头们在近年来也纷纷加大了对区块链应用落地的布局力度，如 IBM、Intel 等传统科技企业通过 Hyperledger 区块链联盟不断扩大在区块链领域的影响力与应用范围，Microsoft 通过与以太坊合作提供了区块链服务平台，Amazon 在 AWS 上推出了区块链模板业务。在中国，由工信部牵头成立的可信区块链联盟，吸纳了行业中数以百计的单位参与，旨在推进区块链基础核心技术和行业应用落地。华为、BAT 等行业巨头不仅发力区块链服务平台，而且还在税务、金融、供应链、通信等诸多领域，积极引导并参与区块链与行业业务的融合与落地。

2. 区块链正在成为一种改变商业模式的基础设施

正如"数字经济"之父、《区块链革命》的作者 Don Tapscott 所言："区块链代表着互联网的第二个时代，它将深刻改变行业"，我们现在正面临着区块链和去中心化技术带来的一场新的技术革命。在信息互联网时代，人们通过互联网传递信息，然而信息传递及应用的核心是信任，人们希望这种信任通过一种共同参与的、公平可见的、安全的机制和技术完成。区块链的去中心化技术使得信任的创造不再依赖于某一个组织或者机构，而是成为一种通过技术手段、共同协作完成的共识结果。因此，区块链技术的引入，使得信息传递不再仅仅是一组记录数据的复制，而是一种经过多方共识认可、具备法律效力、能够具体量化的价值体现。区块链让互联网传递的不再只是信息，而是可以信任的价值，实现从信息互联网到价值互联网的转换。

现实中，区块链所形成的价值互联网，正在以前所未有的速度扩展并影响着我们的生活，并且与互联网通信技术越来越紧密地结合在一起，改变着当前的商业模式。未来随着价值互联网的不断发展，区块链无疑将成为承担价值交换的基础网络设施，基于价值的可编程社会也将成为现实。

3. 区块链知识产权保护的竞争越发激烈

随着参与区块链技术的企业逐渐增多，企业对于区块链的技术、产品、商业模式等的需求，正逐步扩展到对区块链相关专利的竞争与保护，各大公司和组织机构已经开始纷纷加码知识产权竞争，力图在区块链竞争中跑马圈地。截至 2020 年 12 月，全球区块链专利累计达到 5.14 万件，其中我国累计申请了 3.01 万件，约占全球总数的 58%。

从地域角度来看，目前区块链专利主要分布在北美洲的美国、欧洲的英国、亚洲的中国和韩国，其中以中国和美国最为突出，中美两国企业在区块链专利的申请数量上几乎各占半壁江山。从行业角度看，中国的互联网巨头百度、阿里巴巴、腾讯，通信巨头华为等高科技公司悉数入榜，金融领域的巨头中国人民银行、Bank of America 也出现在榜单中，能源领域的中国国家电网、大众消费领域的沃尔玛等机构也纷纷登上榜单。可以预见，未来区块链专利申请仍然以企业为主导，专利争夺将不断加剧，内容涵盖的范围将遍布金融、支付、商业贸易、企业服务、数字资产和交通运输等众多应用领域，呈现多元化态势，区块链知识产权保护的竞争将愈演愈烈。

4. 区块链标准规范的重要性日趋凸显

随着区块链项目日益增多，项目的质量与标准差别很大、良莠不齐，难以形成统一的规范体系，导致区块链项目兴起快、消亡也快。因此，区块链项目亟待形成一套规范的标准体系，用于指导区块链技术与监管的规范工作，降低区块链技术与产品、产业之间的衔接成本。

　　全球区块链标准制定权已经在激烈的争夺之中，美国、欧洲国家和亚太区国家纷纷发力，中国也在积极参与。2016 年 10 月，工业和信息化部（以下简称工信部）发布首本《中国区块链技术和应用发展白皮书（2016）》，分析了国内外区块链发展现状及典型的应用场景，提出了描绘我国区块链技术发展路线图的建议，并首次提出构建区块链标准体系框架的建议。随后，工信部在 2017 年发布了首个区块链标准《区块链参考架构》，系统地描述了区块链的生态系统，帮助业界建立共识。截至 2019 年，工信部已发布区块链参考架构、数据格式规范、智能合约实施规范、隐私保护规范、存证应用指南等多项标准，对各行业选择、开发和应用区块链具有重要的指导和参考价值。

　　2019 年 10 月 24 日，中共中央总书记习近平在主持中央政治局第十八次集体学习、学习区块链技术发展现状和趋势时强调："要把区块链作为核心技术自主创新的重要突破口；要强化基础研究，提升原始创新能力，努力让我国在区块链这个新兴领域走在理论最前沿、占据创新制高点、取得产业新优势；要加强区块链标准化研究，提升国际话语权和规则制定权。"这也意味着，区块链国家标准已经提上日程，围绕扶持政策、技术攻关、平台建设、应用示范等多维度的区块链标准规范渐行渐近。

第六节　其他代表性系统及架构

　　区块链在发展过程中，出现了一系列具有代表性的系统。其中，以太坊首次引入了智能合约，让区块链商业应用变得可能；超级账本引入权限控制机制，将区块链带入跨企业应用场景中，使区块链技术不再局限于完全开放的公有链模式；EOS 基于石墨烯的底层框架，使用异步拜占庭和 DPoS 的共识机制，大幅度提升了区块链的性能，被誉为区块链 3.0 时代的代表。

一、以太坊

1. 简介

2013 年，以太坊创始人维塔利克·布特林（Vitalik Buterin）受比特币的启发，提出并发布了以太坊（Ethereum）白皮书，并将其定义为"下一代加密货币与去中心化应用平台"（A Next—Generation Smart Contract and Decentralized Application Platform）。以太坊作为区块链 2.0 典型代表，其核心思想是将区块链作为一个可编程的分布式信用基础设施，支撑智能合约应用。

与支撑数字货币的比特币相比，以太坊不仅把区块链作为一个去中心化的数字货币和支付平台，还通过在链上增加具备图灵完备的智能合约功能，把区块链的技术范围扩展到支撑一个去中心化的市场，包括房产契约、权益及债务凭证、知识产权，甚至汽车、艺术品等。

以太坊作为一个开源的、基于区块链技术的、具有智能合约功能的分布式计算平台，拥有自己的编程语言。以太坊的底层提供了一个去中心化的图灵完备的虚拟机——以太坊虚拟机（Ethereum Virtual Machine，EVM），这个虚拟机可以将分散在全网的公共节点组合成一个"虚拟"的机器来执行这个图灵完备的去中心化的合约。基于以太坊，用户可以开发不同的去中心化应用（DApp）程序来管理数字资产。

2. 主要特点

以太坊底层也是一个类似比特币网络的分布式网络平台，智能合约运行在网络中的以太坊虚拟机里。网络自身是公开可接入的，任何人都可以接入并参与网络中数据的维护，提供运行以太坊虚拟机的资源。与比特币相比，以太坊技术具有如下特点：

（1）支持图灵完备的智能合约，设计了编程语言 Solidity 和虚拟机 EVM。任何人都可以将写好的智能合约编译成 EVM 字节码部署到以太坊上，由 EVM 解释执行。因而，任何人都可以为所有权、交易格式和状态转换函数创建商业逻辑。

（2）选用了内存需求较高的哈希函数，避免出现强算力矿机、矿池攻击。

（3）引入叔块（Uncle Block）激励机制，降低了矿池的优势，并减少了区块产生的间隔时间，从 10 分钟降低到 15 秒左右。

（4）以太坊账户分为外部账户和合约账户两种类型，系统直接采用账户来记录系统状态，而不是 UTXO，容易支持更复杂的逻辑。

（5）以太币是以太坊网络中的货币，在加密数字货币交易所中挂牌的一般是 ETH。以太币主要用于购买燃料（Gas），支付给矿工，以维护以太坊网络运行智能合约的费用。简单地说，以太币主要用于支付以太坊价值网络中的交易费用和计算服务费用，以太币同样可以通过挖矿来生成。

（6）在以太坊中，执行程序时要消耗的资源被称为燃料（Gas），每一条指令都要消耗固定的燃料，Gas 可以跟以太币进行兑换。通过 Gas 限制代码执行的指令数，避免循环执行攻击。

（7）支持 PoW 共识算法，并支持效率更高的 PoS 算法。

以太坊技术的上述特点，解决了比特币网络在运行中被人诟病的一些问题，从而使得以太坊网络具备了更大的应用潜力。目前以太坊正在积极推进企业级以太坊联盟（Enterprise Ethereum Alliance）的建立，旨在通过联盟链/私有链技术，降低企业成本，实现成员间的高效互通。

二、超级账本

1. 简介

超级账本（Hyperledger）是由非营利组织 Linux 基金会于 2015 年 12 月发起的一个多方合作开发的开源区块链项目，致力于企业级区块链开发及应用，推进区块链技术的进步，促进分布式账本建立跨行业开放标准。超级账本由若干个各司其职的顶级项目构成，与其他区块链平台不同，其各个子项目都仅是提供一个基于区块链的分布式账本平台，并不发币。

目前已经有近 300 家企业、组织加入超级账本，既包括 IBM、Intel、Cisco、百度、华为等 IT 巨头，也包括荷兰银行（ABNAMRO）、埃森哲（Accenture）、摩根大通（J. P. Morgan）、澳新银行等金融机构，其中中国会员数量超过 30 家。项目的目标是通过项目成员和开源社区的共同合作，制定一个开放、跨行业、跨国界的区块链技术开源标准，满足不同行业的各种用户需要，打造可以跨行业的区块链解决方案，开发一个"开源的分布式账本框架，构建强大的行业特定应用、平台和硬件系统，以支持商业级交易"。

作为联合项目，超级账本由面向不同目的和场景的子项目构成。目前，项目主要包括 Fabric、Sawtooth、IndyB 等框架平台类的项目以及 Calipe 等工具类的项目和 Ursa 等库程序项目。其中，Fabric 是超级账本项目中的基础核心平台项目，也是人气最旺的区块链底层平台，它致力于提供一个能够适用于各种应用场景的、内置共识协议可插拔的、可部分中心化（即进行权限管理）的分布式账本平台，它是首个面向联盟链场景的开源项目，也是目前应用最广的区块链底层技术方案和联盟链领域中具有国际影响力的主流技术。

2. 主要特点

尽管超级账本孵化了很多区块链项目，但其中最为突出的项目是 Fabric，因此一般提起超级账本，基本上都是指 Fabric。超级账本主要是以私有链及联盟链作为开发的目标，注重区块链的私密性、安全性，它与公有链的关系类似于企业的内部网络 Intranet 与互联网 Internet 的关系。目前超级账本被众多科技巨头利用，正在向数以百计的企业提供区块链应用服务，服务客户遍布政府、金融、能源、供应商等多个领域。

以 Fabric 为典型代表的超级账本充分利用了模块化的设计、容器技术和密码学技术，使得系统具有如下特征：

（1）CA（认证机构）机制。Fabric 是一个带有节点许可管理的联盟链系统，只有被授权的节点才能被准许加入网络，只有被认证的客户端才能接入服务，也就是系统是在一系列已知的、具有特定身份标识的成员之间进行交互。CA 还提供 TLS 证书，来确保交易中网络传输的安全性。

（2）灵活的链码（Chaincode）信任机制。在 Fabric 系统中，链码也就是智能合约。链码的运行与交易背书、区块链打包在功能上被分割为不同节点角色完成，且区块链的打包可以由一组节点共同承担，从而实现对部分节点失败或者错误行为的容忍。而对于每一个链码，背书节点可以是不同的节点，这保证了交易执行的隐私性、可靠性。同时，Fabric 支持由 GO、JAVA 语言实现运行任意链码。

（3）高效的可扩展性。相比于其他区块链系统中所有节点对等的设计方式，Fabric 将节点分为 orderer 节点、背书节点、记账节点和主节点，可以灵活选择部署方法。同时，将交易的背书节点与区块链打包的 orderer 节点解耦，保证系统有更好的伸缩性。特别是当不同链码指定了相互独立的背书节点时，可以保证不同链码的执行相互独立，即允许不同链码的背书并行执行。

（4）隐私保护和数据共享。为了保护用户、交易的隐私及安全，Fabric 制订了一套完整的数据加密传输、处理机制。通过将不同的业务或用户通过通道（Channel）隔离，实现数据的隔离，这相当于增强了某些机构间交易数据的私密性，进一步保护隐私。此外，由于通道之间可以通过节点进行联通，又附加了链与链之间的共享性，这种私密性和共享性的结合，可以满足企业间既需要共享又需要竞争的复杂需求。

（5）共识算法模块化。系统的共识由 orderer 节点完成，并且在 Fabric 中允许各类共识算法以插件的形式应用于 orderer 节点，比如 Solo 共识、Kafka 共识、PBFT 共识等。

三、EOS

1. 简介

EOS（Enterprise Operation System），是由 Block. one 公司主导开发的一款专为商用分布式应用设计的高性能区块链底层操作系统，旨在为高性能分布式应用提供底层区块链平台服务，建立区块链基础设施，被称为区块链 3.0 的典型代表。EOS 项目的目标是实现一个类似操作系统的支撑分布式应用程序的区块链架构。该架构可以提供账户、身份认证、数据库、异步通信以及可在数以万计的 CPU/GPU 集群上进行程序调度和并行运算。EOS 最终可以支持每秒执行数百万个交易，同时普通用户执行智能合约无须支付使用费用。

EOS 最大的创新之处在于其应用了石墨烯技术，调整了支撑比特币和以太坊的 PoW（工作量证明）的共识机制，而采用 DPoS（股份授权证明机制）＋BFT（拜占庭容错机制）的共识机制，极大地提升了主链的性能和区块的安全性，防止恶意攻击及恶性分叉。

2. 主要特点

EOS 实质上是通过弱中心化的机制，取代完全去中心化的模式，从而使链的性能得到大幅度提升，实现真正的大规模应用。作为区块链 3.0 的典型代表，EOS 项目具有如下特点：

（1）可扩展性。区块链系统中的每笔交易都要在所有节点上达成一致，这在一定程度上会影响区块链的性能，从而限制其扩展性。EOS 的 DPoS＋BFT 共识机制可以让区块链性能得到大幅度提升。

（2）灵活性。在 EOS 上，一旦智能合约出现不可预测的问题，或者出现漏洞，区块链生产者（也称为超级节点）有权利纠正这种问题。在 DPoS 共识机制中，只要 21 个节点中有 15 个节点达成共识，区块生产者即可对问题账户进行冻结。同时，基于角色的权限管理模型也可以使账户更加安全。EOS 虚拟机采用的 WebAssembly（WASM）是一个内存安全的沙盒执行环境，为智能合约提供强有力的安全保障。

（3）易用性。EOS 集成了接口开发的 Web 工具包、自描述接口、自描述数据库模式和声明式权限模式等特性，使用户可以非常方便地基于 EOS 开发 DApp。

（4）社区治理。EOS 在区块链中首次提出了社区治理的理念，在一定程度上用"人治"弥补了比特币、以太坊等公链项目过分依赖技术的不足，采用社区治理可以使人们对那些软件算法无法预料的主观问题达成共识，防止区块链生产者的道德风险。

（5）并行运算。EOS 通过水平扩展、异步通信和互操作性实现智能合约的并行处理，将程序指令分配给多个处理器，使得程序的运行时间大幅缩短。

（6）可独立运转的经济系统。在 EOS 中，交易和使用 DApp 均免费。EOS 会通过增发 EOS 代币来奖励见证人节点，因此 EOS 的区块链每年会有 5% 的增发，其中 1% 作为节点的奖励，4% 用于资助网络升级，这种经济系统使 EOS 在不依赖任何组织和个人的情况下可以持续运营。

第三章

区块链技术分析

第一节 区块链分层模型

从技术角度来看，区块链的组成架构呈分层结构，完整的区块链自下而上由数据层、网络层、共识层、激励层、合约层、应用层六个技术层叠加而成，如图3-1所示。区块链的每一层分别完成不同核心的功能，各层之间互相配合、相互协调，在实际应用中完成整个区块链的服务，从而实现一个去中心化的信任机制。在区块链的六层模型中，六个层级之间相互独立又不可分割，其中，数据层、网络层、共识层是构建区块链技术的必要元素，缺少任何一层都不能称之为真正意义上的区块链技术。而激励层、合约层和应用层是区块链技术的拓展元素，不是每个区块链应用的必要因素，一些区块链应用并不完整包含此三层结构。

1. 数据层

数据层是整个区块链技术中最底层的数据结构，包含区块链的区块数据、链式结构以及区块上的随机数、时间戳、公私钥数据等信息，构建了区块链技术的物理形式。设计区块链系统的技术人员首先建立一个称为"创世区块"起始节点，之后在同样的规则下创建规格相同的区块，并通过一个链式结构依次相连组成一条主链条。随着运行时间越来越长，新的区块通过验证后不断被添加到主链上，主链也会不断地延长。

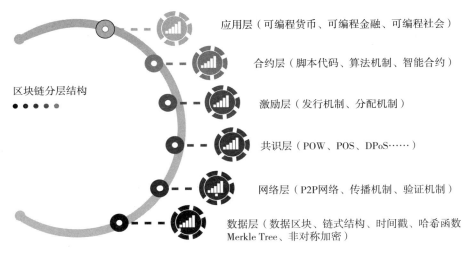

区块链分层结构

应用层（可编程货币、可编程金融、可编程社会）

合约层（脚本代码、算法机制、智能合约）

激励层（发行机制、分配机制）

共识层（POW、POS、DPoS……）

网络层（P2P网络、传播机制、验证机制）

数据层（数据区块、链式结构、时间戳、哈希函数 Merkle Tree、非对称加密）

图 3-1　区块链分层结构

2. 网络层

网络层的主要目的是实现区块链网络中节点之间的信息交流，包括分布式组网机制、数据传播机制和数据验证机制等。网络层主要通过分布式网络技术来实现其主要目的，具备自动组网的机制，节点之间通过维护一个共同的区块链结构来保持通信。每一个节点既接收信息，也产生信息。

区块链的网络中，每一个节点都可以创造新的区块，在新区块被创造后会以广播的形式通知其他节点，其他节点会对这个区块进行验证，当整个区块链网络中超过 51% 的用户（节点）验证通过后，这个新区块就可以被添加到主链。

3. 共识层

共识层主要包含共识算法以及共识机制，能让高度分散的节点在去中心化的区块链网络中高效地针对区块数据的有效性达成共识，即确保全网依据一致同意的数据更新规则，来维护区块链系统这个总账本。共识层是区块链的核心技术之一，也是区块链社群的治理机制。

为了实现共识，算法上就必须考虑到某些节点是不可用的，或者网络上会有数据丢失，这就要求区块链的共识算法要具有容错能力。截至目前已经出现了十余种共识机制算法，其中最为知名的有工作量证明机制、权益证明机制、股份授权证明机制等。

4. 激励层

激励层的功能是通过将经济因素集成到区块链技术体系中，提供一定的激励措施，鼓励节点参与区块链的安全验证工作，奖励遵守规则参与记账的节点，并惩罚不遵守规则的节点。激励层主要包括经济激励的发行机制和分配机制。

激励层主要出现在公有链中，因为在公有链中必须奖励遵守规则参与记账的节点，并且惩罚不遵守规则的节点，才能让整个系统朝着良性循环的方向发展。激励机制往往也是一种博弈机制，让更多遵守规则的节点愿意进行记账。但在私有链中，不一定需要进行激励，因为参与记账的节点往往是在链外完成了博弈，也就是可能有强制力或者有其他需求来要求参与者记账。

5. 合约层

合约层是区块链可编程的基础，主要包括各种脚本、代码、算法机制及智能合约，实现各项指令能够自动化执行。通过合约层将代码嵌入区块链中，可以自定义智能合约。在达到某个确定约束条件的情况下，智能合约无须经由第三方就能够自动执行，它是区块链实现机器信任的基础。通过程序算法替代人去仲裁和执行合约，可以节省巨额的信任成本。

6. 应用层

应用层封装了区块链面向各种应用场景的应用程序，可编程金融和可编程社会也是通过搭建在应用层上得以实现。

第二节 数据层

数据层保存了区块链中与数据有关的算法、信息、结构等，包含了区块链的区块数据、链式结构，以及区块上的随机数、时间戳、公私钥数据等，从而构建了区块链的物理形式，是整个区块链技术中最底层的数据结构。

一、数据区块

数据区块是区块链的基本组成单元，是在区块链上承载交易数据的数据包，是一种被标记上时间戳和前一个区块的哈希值的数据结构。数据区块存储了整个区块链网络上的所有交易数据，这些数据是被所有区块链节点验证、共识和共享的。通过查询区块，可以查询到每一笔链上交易的历史。

区块记录了本区块生成时间段内的交易数据，并且每一笔交易记录都有时间戳的标记。简单地说，区块就是区块链中存储信息的载体。数据区块从结构上看，大体上分为区块头和区块体两部分，如图 3-2 所示。

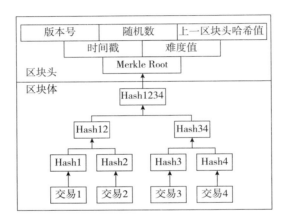

图 3-2　数据区块结构

1. 区块头

区块头用于链接到前一个区块，并且通过时间戳保证了历史数据的完整性。区块头记录当前区块的元信息，包含当前版本号、上一区块头哈希值、时间戳、难度值、Merkle Root 等数据。其中：①版本号用于标识交易版本和所参照的规则。②上一区块头哈希值是指引区块链中上一区块的区块头哈希值。③时间戳是指该区块产生的时间（精确到秒的 Unix 时间数）。④难度值是指该区块工作量证明算法的难度目标。⑤Merkle Root 保存该区块中所有交易形成的 Merkle Tree 根的哈希值。⑥随机数（Nonce）用于工作量证明算法的计数器。

2. 区块体

区块体记录了一定时间内所生成的交易详细数据。在区块创建过程中生成的所有经过验证的交易记录或其他信息都会被永久地记入数据区块中，而且任何人都可以查询。因此，可以将区块体理解为账本的一种表现形式。区块体中的 Merkle Tree 对每一笔交易进行数字签名，可以确保每一笔交易都不可伪造且没有重复交易。所有的交易将通过 Merkle Tree 的哈希过程产生一个唯一 Merkle

Root 记入区块头，建立区块头与区块体的联系。

二、链式结构

在区块链技术中，数据以区块的方式永久储存。取得记账权的矿工将上一区块的区块头的哈希值记录到当前区块的"上一区块头哈希值"字段中，从而建立了当前区块与上一区块的链接，也就形成最新的区块主链。这样就通过"上一区块头哈希值"字段将各个区块按照发生的时间顺序依次链接起来，形成了一条从创世区块到当前区块的最长主链，记录区块链数据的完整历史，并能够提供区块链数据的溯源和定位功能，任意数据都可以通过此链式结构顺藤摸瓜、追本溯源。

因此，区块链是一条将存有交易信息的各个区块，按照交易发生的时间先后顺序依次链接而形成的数据链，区块链上的区块从后向前有序地嵌在整个链条之中，每个区块都指向其前一区块。块链式结构如图 3-3 所示。

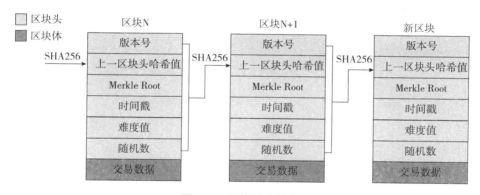

图 3-3　区块链式结构

三、时间戳

时间戳（Time Stamp）是用于标识交易时间的字符序列，是某一刻时间的唯一标识，具备唯一性。时间戳主要用以记录并表明存在的、完整的、可验证的数据，是每一次交易记录的认证，具有不可篡改、可追溯、防复用、透明化等特点，它从区块生成的那一刻起就存在于区块之中。

时间戳利用从格里尼治时间 1970 年 1 月 1 日 00 时 00 分 00 秒（北京时间 1970 年 1 月 1 日 8 时 00 分 00 秒）起至现在的总秒数来表示，其主要作用在于：为用户提供一份电子证据，以证明用户的某些数据的产生时间。在实际应用中，时间戳被广泛应用在知识产权保护、合同签字、金融账务、电子投标报价、股票交易等领域，尤其可以用来支持公开密钥基础设施的"不可否认"服务。在比特币系统中，获得记账权的节点在链接区块时需要在区块头中加盖时间戳，用于记录当前区块数据的写入时间。每一个随后区块中的时间戳都会对前一个时间戳进行增强，形成一个时间递增的链条。

四、加密算法

在区块链的开发和应用过程中，用到了大量的加密算法，例如区块链账户地址的生成、数据传输等。密码学起源于数千年前，最早可追溯到古巴比伦时代，作为保护信息传输的技术手段，最早应用于军事、外交和情报领域。20 世纪 70 年代之前，密码学多应用于政府层面。随后，得益于数据加密标准（Data Encryption Standard，DES）的诞生和公钥加密算法（也称为非对称加密算法）的发明，密码学才逐步进入公众领域。

1. 加密算法的概念

数据加密的基本过程就是对原来为明文的信息按某种算法进行处理，使其成为不可读的一段"密文"，只能在输入相应的密钥之后才能显示出明文，从而实现数据不被非法窃取的目的。从明文到密文的变换称为加密，从密文到明文的变换称为解密。加密和解密都是在密钥的控制下进行的。

2. 加解密系统基本组成

现代加解密系统一般包括加解密算法、加密密钥、解密密钥。其中，加解密算法自身是固定不变的，并且一般是公开可见的；密钥则是最关键的信息，需要安全地保存起来，甚至通过特殊硬件进行保护。一般来说，对同一种算法，密钥需要按照特定算法每次加密前随机生成，长度越长，内容越复杂，则加密强度越大，安全性越强。

加解密的基本过程如图 3-4 所示。其中，在加密过程中，通过加密算法和加密密钥，对明文进行加密，获得密文；在解密过程中，通过解密算法和解密密钥，对密文进行解密，获得明文。

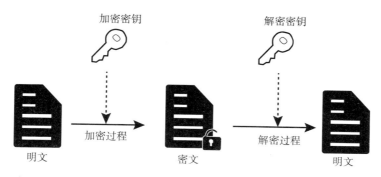

图 3-4 加解密基本过程

　　根据加解密过程中所使用的密钥是否相同，可以将加密算法分为对称加密和非对称加密。两种模式适用于不同的需求，形成互补。某些时候也可以组合使用，形成混合加密机制。

3. 对称加密

　　对称加密，是一种需要对加密和解密过程使用相同密钥的加密算法。也就是说，对称加密产生的是一把钥匙，加密和解密过程都是用这把钥匙来进行。由于其速度快，通常在消息发送方需要加密大量数据时使用对称加密。这种加密技术被广泛采用，如美国政府所采用的 DES 加密标准就是一种典型的"对称式"加密法。

　　对称加密的应用过程如图 3-5 所示，发送方要将一个信息发送给接收方，这个信息就是图中看到的明文。在发送之前，利用一个密钥（这里可以理解为一个口令，但是这个口令只有发送方和接收方知道）将明文加密成密文，发送给接收方，接收方用密钥进行解密查看明文。

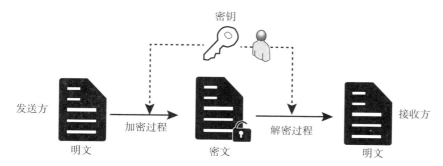

图 3-5 对称加密算法

由于对称加密要求消息发送方和接收方都使用相同的密钥进行加密和解密，因此，加密的安全性不仅取决于加解密算法本身，密钥管理的安全性更为重要。相比较而言，对称加密的优点是算法公开、计算量小、加解密速度快、加解密效率高；缺点则是密钥的管理和分发非常困难，不够安全。在数据传送前，发送方和接收方必须商定好密钥，然后双方都必须保存好密钥，如果一方的密钥被泄露，那么加密信息也就不安全了。另外，每对用户每次使用对称加密算法时，都需要使用其他人不知道的唯一密钥，这会使得收、发双方所拥有的钥匙数量巨大，密钥管理成为双方的负担。

4. 非对称加密

非对称式加密就是加密和解密所使用的不是同一个密钥，通常有一对密钥：公开密钥（Public Key，简称公钥）和私有密钥（Private Key，简称私钥）。其中：①公钥和私钥的界定，取决于将哪个密钥进行开放。②公钥与私钥必须配对使用，如果用公钥对数据进行加密，则需要用对应的私钥才能解密；同理，如果用私钥对数据进行加密，则需要用对应的公钥才能解密。

因为加密和解密使用的是两个不同的密钥，所以这种算法被称为非对称加密算法。经典的非对称加密算法包括经典公钥算法 RSA、椭圆曲线算法 ECC、国家商用密码算法 SM2 和 PGP 等。

在实际应用中，发送方和接收方都各有一对密钥，分为公钥和私钥。公私钥对是区块链所使用的密码学基石，包含公钥和私钥两部分。这两个密钥是具有特定数学关系的大整数，用于代替密码和用户名。其中：

（1）公钥，就像一个人的名字或用户名一样。在大多数情况下，拥有者可以向任意请求者提供他的公钥，而得到公钥的人可以通过它联系到公钥本人。公钥与拥有者的信用绑定，一个人可以有多个公钥用于不同的目的。公钥可用于引用或查看账户，但公钥本身并不能用来对该账户做任何操作。

（2）私钥，则像密码一样，用于验证某些操作。私钥和密码之间的区别是，如果要使用密码，必须将其发送给某个人或服务器，以便其对密码进行验证；而使用私钥时则无须将其发送给任何人，私钥能够让用户在不向任何人发送自身秘密信息的情况下，对自己进行身份认证。这种身份验证是完全安全的，不易受其他系统的安全漏洞影响。私钥必须保存好，而且不应向任何人分享。

非对称加密的应用如图 3-6 所示，发送方利用接收方的公钥对发送的明文进行加密，生成密文发给接收方，接收方用自己的私钥解密获得明文。因为私钥只有接收方自己拥有，所以保证了信息的安全性。

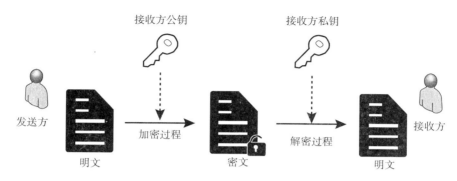

图3-6 非对称加密算法

非对称加密算法很好地解决了对称加密算法存在的一些问题，相比较而言，其优点体现在：非对称加密使用一对密钥，一个用于加密，另一个用于解密，而且公钥是公开的，私钥是自己保存的，不需要像对称加密那样在通信之前先进行密钥同步。因此非对称加密算法更安全，密钥越长就越难破解。缺点则体现在：加密和解密花费时间长、速度慢。在某些极端情况下，甚至能比对称加密慢1000倍，因此非对称加密算法只适合对少量数据进行加密。

5. 不同加密算法的适用情况

由于非对称加密算法的运行速度比对称加密算法的速度慢很多，因此当需要加密大量的数据时，通常采用对称加密算法，提高加解密速度。但对称加密算法的密钥管理是一个复杂的过程，密钥的管理直接决定着它的安全性，可以通过非对称加密管理对称加密的密钥。当数据量很小时，可以考虑采用非对称加密算法。对称加密算法不能实现数字签名，数字签名只能采用非对称加密算法。利用私钥进行数字签名，利用公钥进行验签。

在区块链的实际操作过程中，一般都是将对称加密和非对称加密结合使用在不同的环节中。以比特币为例：比特币用基于椭圆曲线算法的非对称加密进行交易，私钥用于对交易进行签名，将签名与原始数据发送给整个比特币网络；公钥则用于整个网络中的节点对交易进行有效性验证，保证了交易是由拥有对应私钥的人所发出的。

五、哈希函数

哈希函数是一类数学函数，可以在有限合理的时间内，将任意长度的消息压缩为固定长度的二进制字符串，其输出值称为"哈希值"，也称为"散列值"。以哈希函数为基础构造的哈希算法，在现代密码学中扮演着重要的角色，常用于实现数据完整性和实体认证，同时也构成多种密码体制和协议的安全保障。

1. 哈希函数的概念

哈希函数，又称散列函数，它是一个单向函数。它的基本功能就是把任意长度的输入（例如文本等信息）通过一定的计算，生成一个固定长度的字符串，输出的字符串称为该输入的哈希值。下面以区块链中常用的 SHA256 算法为例，分别对一个简短的句子和一段文字求哈希值。

输入：hello world

输出：B94D27B9934D3E08A52E52D7DA7DABFAC484EFE37A5380EE9088F7ACE2EFCDE9

输入：新华社北京 10 月 25 日电中共中央政治局 10 月 24 日下午就区块链技术发展现状和趋势进行第十八次集体学习。中共中央总书记习近平在主持学习时强调，区块链技术的集成应用在新的技术革新和产业变革中起着重要作用。我们要把区块链作为核心技术自主创新的重要突破口，明确主攻方向，加大投入力度，着力攻克一批关键核心技术，加快推动区块链技术和产业创新发展。

输出：29700E91D5CA11C82CD82C44615210962A302FE1001FE0AA8E5CD224900BE20D

从中可以看出，对于任意长度的字符串进行哈希运算，都可以得到 256 位二进制字符串（这里以 64 位八进制表示）。

2. 哈希函数的特性

一个优秀的哈希函数具备正向快速、逆向困难、输入敏感、强抗碰撞等特征。

（1）正向快速。正向即由输入、计算到输出的过程，对给定数据，可以在极短时间内快速得到哈希值。例如对于当前常用的 SHA256 算法，利用普通计算机一秒钟就能完成 2000 万次哈希运算。

（2）逆向困难。即信息隐藏，要求如果知道哈希函数的输出，不可能逆向推导出输入。这样即使获取了传送的哈希信息，也不可能根据这段信息还原出明文。该特性是哈希算法安全性的基础，也是现代密码学的重要组成。

（3）输入敏感。又被称为抗冲突，不同的输入不能产生相同的输出。即输入信息发生任何微小变化，重新生成的哈希值与原哈希值也会有天壤之别，并且无法通过对比新旧哈希值的差异推测输入信息发生了什么变化。因此，通过哈希值可以很容易验证两个文件内容是否相同，该特性广泛应用于错误校验。在网络传输中，发送方在发送数据的同时，发送该内容的哈希值；接收方收到数据后，只需要将数据再次进行哈希运算，对比输出与接收的哈希值，就可以判断数据是否损坏。

（4）冲突避免。又称为强抗碰撞性，即不同的输入很难产生相同的哈希输出。当然，由于哈希算法输出位数是有限的，这就意味着哈希输出的数量是有限的，而输入却是无限的，所以不存在永远不发生碰撞的哈希函数。但是哈希函数仍然被广泛使用，因为优秀的哈希函数能够保证发生碰撞的概率足够小，找到碰撞输入的代价远远大于收益。以比特币使用的哈希算法 SHA256 为例，其理论碰撞概率是尝试 2 的 130 次方的随机输入，有 99.8% 的概率碰撞。但 2^{130} 是一个非常大的数字，大约是 1361 万亿亿亿亿。

利用哈希函数的以上特性，保证了区块链的不可篡改性。对一个区块的所有数据通过哈希算法得到一个哈希值，而这个哈希值无法反推出原来的内容。因此区块链的哈希值可以唯一、准确地标识一个区块，任何节点通过简单快速地对区块内容进行哈希计算都可以独立地获取该区块哈希值。如果想要确认区块的内容是否被篡改，利用哈希算法重新进行计算，对比哈希值即可确认。

3. 哈希函数的分类

哈希函数中比较著名的是 MD 系列和 SHA 系列。

（1）MD 系列。MD 代表消息摘要（Message Digest），MD 系列是 20 世纪 90 年代初由 MIT Laboratory for Computer Science 和 RSA Data Security Inc. 的 Rivest 设计，包括 MD2（1989）、MD4（1990）和 MD5（1991）。

以 MD5 为例，MD5 是输入不定长度信息，输出固定长度 128bits 的算法。经过程序流程，生成 4 个 32 位数据，最后联合起来成为一个 128bits 哈希。其基本运算方式是求余、取余、调整长度，与链接变量进行循环运算，最终得出结果。MD5 算法曾经一度被广泛应用，但是目前该算法已被证明是一种不安全的算法，我国清华大学王晓云院士已经于 2004 年破解了 MD5 算法。

（2）SHA 系列。SHA 表示安全散列算法（Secure Hash Algorithm），SHA 系列算法是美国国家标准技术研究所 NIST 根据 Rivest 设计的 MD4 和 MD5 开发的算法。SHA 接受任何有限长度的输入消息，并产生长度为 160bits（SHA1 算法）的 Hash 值，而 MD5 仅仅生成 128bit 的摘要，因此抗穷举性更好。

SHA1：SHA1 在 1995 年发布，曾经在许多安全协议中广为使用，包括 TLS 和 SSL。但 2017 年 2 月，Google 宣布已攻破了 SHA1，并准备在其 Chrome 浏览器产品中逐渐降低 SHA1 证书的安全指数，逐步停止对使用 SHA1 哈希算法证书的支持。

SHA2：SHA 算法家族的第二代，支持更长的摘要信息输出，主要有 SHA224、SHA256、SHA384 和 SHA512，数字后缀表示它们生成的哈希结果长度。

SHA3：SHA 算法家族的第三代，之前名为 Keccak 算法，因为截至目前 SHA2 并没有出现明显的弱点，因此 SHA3 并不是要取代 SHA2，但是在以太坊中，SHA3 是基础加密算法。

除此之外，为满足我国金融安全和监管要求，国家密码管理局公布了我国自主设计的密码哈希算法 SM2、SM3。它们同样适用于商用密码应用中的数字签名与验证、消息认证码的生成与验证以及随机数的生成，可满足多种密码应用的安全需求。

在区块链网络中，哈希函数主要用于计算区块链中节点的地址、公钥和私钥，以及 Merkle Tree 和工作量证明。

六、Merkle Tree

1. Merkle Tree 的概念

Merkle Tree（默克尔树）是数据存储的一种结构，就是存储 Hash 值的一种树形数据结构，因此通常也被称作 Hash Tree，用于汇总和验证大型数据集完整性。它是一种二叉树，两个叶子节点的信息形成上一级节点的信息，也就是说区块体中包含了一组节点，每一个节点都是它的两个子节点的哈希，最终通过二叉树的方式形成一个根节点。

叶子节点：在二叉树中，没有子节点的节点称为叶子节点，也称初始节点。

对于一个区块而言，每一笔交易数据，进行哈希运算后，得到的哈希值就是叶子节点。

中间节点：叶子节点两两匹配，将其哈希值合并成新的字符串，对合并结果再次进行哈希运算，得到的哈希值就是对应的中间节点，也称过程节点。

根节点：有且只有一个，也就是区块头中的 Merkle Root，也称为终止节点。

最终形成的效果是：从信息的最低端开始，叶子信息进行两两配对，形成一个中间节点，再次两两配对形成一个中间节点，以此类推，最终会生成一个顶端的根节点，代表着树的"顶端"。如图 3-7 所示。

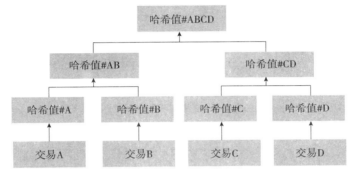

图 3-7　Merkle Tree 结构

2. Merkle Tree 的作用

Merkle Tree 建立了区块头和区块体的联系。从 Merkle Tree 的结构中可以看出，区块体内任意一个交易数据的微小篡改，都会引起所生成的 Hash 值发生很大变化，而叶子节点 Hash 值的变化，又会影响从该叶子节点连接到区块头内 Merkle Root 的路径上所有节点 Hash 值的变化，最终使 Merkle Root 产生很大的变化。

因此，Merkle Root 作为一组交易的消息摘要，可以唯一标识一批交易数据，也可以快速验证一批交易数据是否被篡改，从而提供了证明数据完整性和有效性的手段。另外，Merkle Tree 在区块链中的一个主要作用是可以高效地验证一笔交易是否存在于区块中，假设某区块中记录了 N 笔交易，利用 Merkle Tree 只需最多计算 $2 \times \log_2(N)$ 次就可以判断一笔交易是否存在于这个区块中。

3. Merkle Tree 的特点

（1）Merkle Tree 是树状结构，最常见的结构是二叉树，也可以是多叉树，但都具有树形数据结构的全部特点。

（2）由于区块中包含的交易数据由节点进行选择，因此 Merkle Tree 的基础数据是不固定的，只需要数据经过哈希运算得到的哈希值。

（3）Merkle Tree 是从下往上逐层计算的，每个中间节点是根据相邻的两个叶子节点组合计算得出的，所以叶子节点是基础。

第三节　网络层

区块链网络层的主要目的是实现区块链网络中节点之间的信息交流，其组成包括分布式组网机制、数据传播机制和数据验证机制等。

一、分布式组网机制

网络信息系统是由计算机联网所构成，其中的联网模式主要有集中式和分布式（也称"对等式"）两种模式，如图 3-8 所示。两种模式适用于不同场景，差异主要在于是否通过中心服务器管控，其中：集中式系统由中心服务器负责运行管控，其他所有计算机客户端都只与中心服务器互连，构成主从关系，客户端之间的通信都要通过服务器；分布式系统中则没有中心服务器，计算机节点之间相互平等、直接互联。

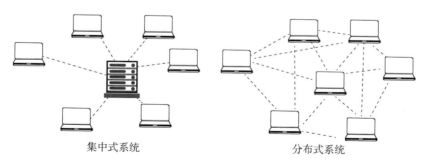

集中式系统　　　　　　　　　　分布式系统

图 3-8　网络系统组织模式

区块链系统中的联网模式采用的是分布式模式。分布式网络在区块链技术中也被称为对等式网络或点对点网络，网络中的参与者既是资源、服务和内容的提供者（Server），又是资源、服务和内容的获取者（Client）。在区块链的分布式网络中，对各参与节点进行组网，并在各对等节点间分配任务和共享资源，每个节点不仅从网络中接收资源和服务，也向网络中的其他节点提供资源和服务，从而使得网络整体运行是依赖网络中所有参与者共同的计算能力和带宽，而不是依赖于较少的几台服务器，这就降低了组网复杂度并提高了网络系统的容错性。

正是由于上述的区块链分布式组网特征，使其网络节点间不需要中心化服务器即可实现信息共享和交换，从而实现了"去中心化"。但是，这里的去中心化，不是不要中心，而是由节点来自由选择中心、自由决定中心。在去中心化系统中，任何节点都可以成为一个中心，任何中心都不是永久的，而是阶段性的，任何中心对节点都不具有强制性。因此，分布式组网机制对于整个区块链网络的重要性不言而喻，至少体现在以下几方面：

（1）增强了安全性。在网络层上，区块链不依靠中心化的服务器节点来转发消息，而是每一个节点都参与消息的转发，因此具有更高的安全性。任何一个节点被攻击都不会影响整个网络，所有的节点都保存着整个系统的状态信息。

（2）实现了非中心化。在区块链网络中，所有的资源和服务分散在所有节点上，信息的传输和服务的实现都直接在节点之间进行，无须中间环节和服务器的介入，避免了可能出现的瓶颈。非中心化的特点，带来了其可扩展性、健壮性等方面的优势。

（3）提升了可扩展性。在分布式网络中，用户的加入不仅增加了服务需求，也同步增强了系统整体的资源和服务能力，从而可以满足更多的用户需求，理论上讲其可扩展性可以认为是无限的。

（4）增强了抗攻击性。由于分布式网络中的服务分散在各个节点之间，因此部分节点或网络遭到破坏后对其他部分的影响很小，并且网络在部分节点失效时也能够自动调整，保持其他节点的连通性。因此，分布式网络架构具有耐攻击、高容错的优点。

（5）改善了性价比。随着硬件技术的发展，个人计算机的计算和存储能力以及网络带宽性能依照摩尔定律高速增长。采用分布式网络架构可以有效利用互联网中大量的普通节点，将计算机任务或存储资料分布到所有节点上，从而充分利用闲置的计算能力或存储空间，实现高性能计算和海量存储的目的。

（6）有利于隐私保护。在分布式网络中，由于信息的传输分散在各节点之间而无须经过某个集中环节，这就大大减少用户的隐私信息被窃听和泄露的可能性。同时，所有节点都提供中继转发的功能，大大提高了匿名通信的灵活性和可靠性，能够为用户提供更好的隐私保护。

（7）夯实了网络负载均衡的基础。分布式网络环境下的每个节点既是服务器又是客户端，这降低了对传统集中式结构服务器计算能力、存储能力的要求，而且资源分布在多个节点，从而进一步保证了整个网络的负载均衡。

二、传播机制

信息传播机制是指信息从发布到接收过程和渠道的总体概括，包括信息传播的形式、方法以及流程等各个环节，是由传播者、传播途径、传播媒介以及接收者等构成的统一体。对于区块链来说：

（1）传播者是区块链上交易的发起人，一般是一个区块链地址，也就是发起地址。

（2）传播途径是基于区块链的分布式组网机制，通过分布式的网络来完成信息的传播。

（3）传播媒介是区块链上的各个节点，交易信息需要经过每一个节点的验证和打包，才能最终到达接收者。

（4）接收者是接收该信息的区块链地址，可以是一个明确的区块链地址，也可以是空地址，空地址表示这条交易数据是部署的智能合约。

在区块链网络中，由于不存在一个中心节点来校验并记录交易信息，因此由网络中的所有节点共同完成校验和记录工作。当一个节点需要发起交易时，不仅需要指明交易信息，同时还需要对该笔交易进行签名。由于不存在中心服务器，该交易会随机发送到网络中的邻近节点。邻近节点收到交易消息后，对交易进行校验。校验完成后，再将该消息转发至自己的邻近节点，如此递归直到网络中所有节点均收到该交易消息。最后，当某节点获得记账权后，则会将该交易打包至区块，然后再广播至整个网络。区块的广播过程与交易的广播过程相同，仍然使用一传十、十传百的方式完成。收到区块的所有节点完成区块内容验证后，就将该区块永久地保存在本地，如图3-9所示。

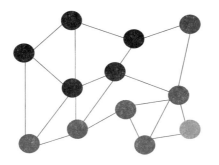

图 3-9 分布式组网传播机制

三、验证机制

在区块链中，需要确保任何一笔交易数据都不会被篡改，确认交易的发起人不会被篡改。因此在区块链系统中，验证机制及其运行中的数字摘要和数字签名技术是整个交易流程中的关键和基础。

在非对称加密算法中，公钥只能针对所对应的私钥进行解密，通过其他任何途径加密的信息无法通过公钥还原。因此在区块链系统中，交易发起者利用私钥进行数字签名，由于全网节点都获知其公钥，就可以利用公钥验证签名，唯一地确认交易发起者的身份，确保交易发起者不被篡改。与此同时，考虑到信息传输过程中可能的失真、误码，可以利用哈希函数生成数字摘要（也称为"信息摘要"）。因为哈希函数是不可逆向求解的，哈希算法具备"雪崩效应"，一个微小的改变都会导致完全不同的哈希值，从而保证任何一笔交易数据都不被篡改。

数字摘要和数字签名作为验证机制运行中的核心要素，前者是指把文件中的部分信息进行哈希运算而生成数字摘要，保证在区块链网络中数据不被篡改；后者则是为了保证交易发起者不被篡改，数字摘要和数字签名的形成过程如图 3-10 所示。在信息传输过程中，只需将密文和其摘要同时使用私钥加密（也称为"数字签名"），并在解密端对密文使用公钥进行解密（也称为"验签"），同时通过对数字摘要进行比对，就可以验证信息的完整性。在这一过程中，非对称加密算法和哈希函数共同完成"身份确认"和"可靠性验证"的功能。

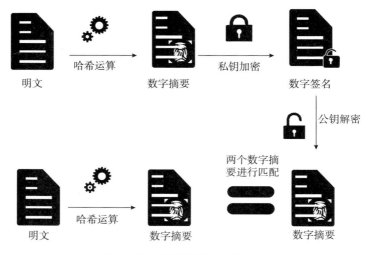

图 3-10 数字摘要和数字签名

第四节 共识层

共识层的主要目标是在去中心化的系统中，促使高度分散的节点针对区块数据的有效性达成共识。共识层封装了网络节点的各类共识机制算法。所谓的"共识机制"是指在分布式系统中，互不信任的节点一起工作时，根据某种规则达成信任关系并确保系统整体的一致性和持续性。具体来说，共识机制是区块链节点对在一定时间内发生交易的先后顺序进行确认并就区块信息（即选择记账人）达成全网信任，形成共识的机制。这是一种直接在区块链中产生信任的方法和机制。

因为区块链是一个去中心化的记账体系，网络节点分散且相互独立，所以由不同节点组成的系统之间必须依赖共识机制来维护系统的数据一致性，并奖励提供区块链服务的节点，以及惩罚恶意节点。共识机制将会影响整个系统的安全性和可靠性，因此共识机制算法是区块链的核心技术之一，是区块链得以稳定运行的支撑。相关研究显示，目前已经出现了十余种共识机制算法，其中比较知名的有工作量证明机制（Proof of Work，PoW）、权益证明机制（Proof of Stake，PoS）、委托权益证明机制（Delegated Proof of Stake，DPoS）、实用拜占庭容错（Practical Byzantine Fault Tolerance，PBFT）和授权拜占庭容错算法

（Delegated BFT，DBFT）等。

一、工作量证明机制

工作量证明机制，也称为"PoW 共识机制"，是第一代共识机制，也是比特币系统中使用的共识机制。在区块链系统中，要求发起者消耗计算机一定的时间来进行一定量的运算，并且是按劳取酬。这里所谓的劳动就是用户为网络提供计算服务，提供这种服务的过程就是"挖矿"，所获得的报酬多数为比特币、莱特币等基于 PoW 共识机制的虚拟货币。工作量证明机制（PoW 共识机制）的主要特征是发起者需要做一定难度的工作得出一个结果，验证方却很容易通过结果来检查发起者是不是做了相应的工作，这就意味着发起者与验证者双方的计算工作量存在不对称性。

区块链系统通过 PoW 共识机制来分发资产以鼓励用户挖矿，从而保证网络的稳定性。在均匀分布的前提下，"挖矿"所得的奖励与各自提供的算力成正比，算力越强，奖励获得越多。在"挖矿"过程中，各节点通过参与运算，不断猜测一个数值（Nonce），使得该数值拼凑的区块中包含的交易内容的哈希值满足一定条件，即获得本次的记账权；同时向全网广播本轮需要记录的数据，全网其他节点验证后，所有节点一起存储该记录数据。PoW 共识机制的运行逻辑如图 3-11 所示。

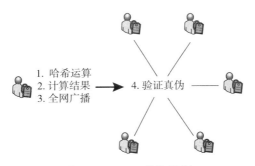

图 3-11　PoW 共识机制

目前有 90% 以上的公有区块链都采用 PoW 共识机制，这一共识机制的突出优点体现在：

（1）去中心化。系统将记账权公平地分派到每一个节点，用户能够获得的奖励和收益取决于其挖矿贡献的有效工作，也就是根据工作量证明来执行奖励的分配方式。

（2）安全性高。破坏或欺诈需要投入极大的成本，要有压倒大多数人的算力（即通常所说 51% 攻击）。在比特币的 PoW 机制中，由于获得计算结果的概率趋近于算力的占比，因此在不掌握 51% 以上算力的前提下，矿工欺诈的成本要显著高于诚实挖矿，甚至根本不可能完成欺诈。

PoW 共识机制虽然是目前使用最为广泛的共识算法，但也存在一定的弊端，这主要体现在：

（1）挖矿造成大量的资源浪费。这种记账方式需要耗费大量的算力和计算机资源。算力是计算机硬件提供的，需要耗费大量的电力，这是对能源的直接消耗，违背了人类追求节能、清洁、环保的理念。

（2）算力集中越来越明显，慢慢地偏离了原来的去中心化轨道。

（3）共识达成的周期较长。在比特币系统中，区块确认共识达成的周期较长（约 10 分钟），现在每秒交易量上限是 7 笔，不适合大规模商业应用。

二、权益证明机制

权益证明机制，也称为股权证明机制、PoS 共识机制，是 PoW 共识机制的升级。该机制的原理在于：要求用户证明自己拥有一定数量的数字货币所有权（即"权益"）后，才可以凭借持有的数字货币进行挖矿，如图 3−12 所示。PoS 共识机制不需要大量的算力就可以获得记账权，避免了出现"算力集中"的趋势，回归到区块链"去中心化"的本质要求。这一机制类似于把资产存在银行里，银行会依据持有资产的数量和时间分配相应的收益。

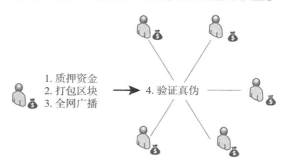

图 3−12　PoS 共识机制

在 PoS 共识机制中，一般是根据某种规则（例如持有代币数量或提供存储空间大小等）判断每个节点的权重，最后选取权重最高的节点作为验证节点，并赋予其打包生成新区块的权利。比较典型的应用是引入"币龄"的概念，用"币龄"（＝用户持币数量×持币时间。如用户持有 100 个币、持有时间为 30 天，此时的币龄就为 3000）来计算权益，权益越大，被选定打包区块的概率越大。

与 PoW 共识机制相比，PoS 共识机制是一种升级版的共识机制，其突出优点主要体现在：

（1）缩短共识达成的时间。因为不需要依靠算力碰撞答案，因此在一定程度上缩短了共识达成的时间，在网络环境好的情况下可实现毫秒级速度。

（2）更加节省能源。因为不需要比拼算力挖矿，因此不会造成过多的能源浪费，更加环保。

（3）防攻击和防作弊性能更强。因为拥有 51% 的币龄才能发起攻击，不但需要大量的币，还要持有足够长的时间，因此作恶成本更加昂贵，防作弊性能更强。

但是，PoS 共识机制中投票的权重取决于其持有代币（也称 Token）的多少和时长。也就是说该机制通过引入"币龄"降低了挖矿难度，缩短了寻找随机数的时间，这在一定程度上减少了计算哈希的资源消耗。但从本质上来说，PoS 共识机制还是需要挖矿，没有从根本上解决商业应用的痛点；而且容易导致富者越富的现象产生，从而使权益越来越集中，失去公平性。

三、委托权益证明机制

委托权益证明机制，也称为 DPoS 共识机制，是针对 PoW、PoS 的不足而改进的共识算法。DPoS 共识机制的主要改进之处体现在：通过实施科　　　的民主，提高交易的处理性能，抵消了部分中心化的负面效应。在 PoS 共识　　小股东仅能获得持有股份带来的收益，而在 DPoS 共识机制中，每个节　　可以通过选出代表自己利益的节点参与到记账权的争夺中——类似于董事会投票机制，小股东作为持币者选出一定数量的记账节点，代表他们进行验证和记账，后续记账由这些被选中的节点轮流处理。

如图 3-13 所示，基于 DPoS 共识机制建立的区块链去中心化依赖于一定数量的代表，而非全体用户，这样看起来更民主、更开放。在这样的区块链中，全体节点投票选举出一定数量的节点代表，由他们来代理全体节点确认区块，维持系统有序运行。同时，区块链中的全体节点具有随时罢免和任命代表的权力。如果必要，全体节点可以通过投票让现任节点代表失去代表资格，重新选举新的代表，实现实时的民主。

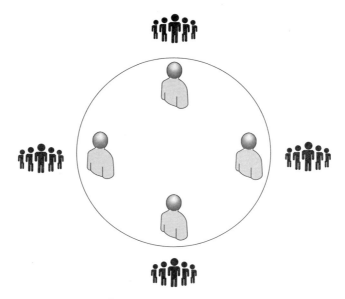

图 3-13 DPoS 共识机制

相比较而言，DPoS 共识机制的突出优点体现在：①大大缩减了参与验证和记账的节点数量，因此协作高效、记账效率高，可以实现秒级的共识验证。②PoW 共识机制竞争的是算力，PoS 共识机制竞争的是股权，而 DPoS 共识机制则是选出行使权利的节点，更像是一种合作关系而非竞争关系。

但 DPoS 共识机制同样也存在如下一些缺点：①由于行使权利和职责的是被选出来的那几个节点，相当于权利集中在被选出来的节点上，其他节点就失去了发言的机会。因此与 PoW 共识机制和 PoS 共识机制相比，其去中心化的程度减弱。②DPoS 共识机制无法摆脱对于代币的依赖，而在很多商业应用中并不需要代币的存在，因此仍然不能完美解决区块链在商业中的应用问题。

综上所述，每一种共识机制算法都有各自的优势和不足。共识算法的发展和演化类似人类社会的不同阶段，研究共识算法不仅需要计算机知识背景，更需要深刻理解经济学、社会学、博弈论等多元化知识。因此，区块链共识机制的应用，取决于不同应用场景中的网络和数据类型，以及其对于效率和安全性的综合考量或最佳平衡点。

第五节 激励层

在区块链系统中，由于没有中心负责整个网络中的交易记账，同时链上的每个节点也没有绝对的权利和义务来帮助其他节点进行记账。因此，激励层的主要目的就是：通过奖励按照规则参与记账的节点、惩罚不遵守规则的节点，确保链上的节点有动力不断地进行挖矿和打包记账，从而实现整个系统的持续稳定运行。激励层包括发行机制和激励机制，这是经济学与互联网技术紧密结合的产物，是区块链技术创新之处。激励层主要在公有链中出现，这里以比特币为例，介绍发行机制和激励机制。

一、发行机制

比特币的发行不依靠特定货币机构，而是依据特定算法，通过大量的计算产生。在比特币发行中，使用整个分布式网络中众多节点构成的分布式数据库来确认并记录所有的交易行为，运用密码学来确保数据流通各个环节的安全性，防止欺诈交易，避免"双重支付"。比特币与其他虚拟货币最大的不同是其总量非常有限，每个区块发行比特币的数量随着时间推移呈现阶梯性递减，总数量将被永久限制在约 2100 万个，具有极强的稀缺性。

2009 年比特币创世块诞生的时候，每个区块奖励是 50 个比特币；诞生 10 分钟后，第一批 50 个比特币生成了，此时的比特币总量就是 50；随后比特币大约以每 10 分钟 50 个的速度增长，每隔 21 万个区块（大约 4 年）每个区块发行比特币的数量降低一半。发展至今，比特币的挖矿奖励经历了三次减半：

（1）第一次减半是在 2012 年 11 月，比特币区块记账奖励减半为每个区块奖励 25 个比特币。

（2）第二次减半是在 2016 年 7 月，比特币区块记账奖励减半为每个区块奖励 12.5 个比特币。

（3）第三次减半是在 2020 年 5 月，比特币区块记账奖励减半为每个区块奖励 6.25 个比特币。

以此类推，比特币发行速度随着时间推移呈现几何级数的下降。在 2140 年左右，所有的比特币全部发行完毕，即比特币发行总量稳定在约 2100 万个的上限，不会再有新的比特币产生。因此，比特币是一种总量有限并且发行速度递减的抗通胀的货币供应模式。

二、分配机制

当节点"挖矿"成功，即获得当前区块记账权，系统中其他节点就"复制"该挖矿成功的节点的当前区块。获得记账权的节点会获取一定数量的比特币奖励，以此激励比特币网络中的所有节点积极参与记账工作。

比特币奖励包含系统奖励和交易手续费两部分，这两部分费用封装在每个区块的第一个交易中。其中：

（1）系统奖励作为比特币发行的手段，随着时间推移发生几何级数降低。

（2）交易手续费是比特币交易过程中产生的交易费用，目前默认手续费是万分之一个比特币。

虽然目前每个区块的总交易手续费相对于系统奖励来说规模很小（通常不会超过 1 个比特币），但随着比特币发行数量的逐步减少甚至停止发行，交易手续费在节点（矿工）收益中所占的比重将会逐渐增加，并成为驱动节点共识和记账的主要动力。预计 2140 年之后，所有的节点（矿工）收益都将由交易手续费组成，保障比特币系统的安全和去中心化的自动运行。同时，交易手续费还可以防止大量微额交易对比特币网络发起的"粉尘攻击"（Dusting Attack），起到保障安全的作用。

目前在比特币系统中，由于全网算力呈指数级别上涨，单个设备或少量的算力已经无法在比特币网络上获取奖励。因此大量的小算力节点通常会选择加入矿池，通过相互合作汇集算力来提高挖到新区块的概率，并共享该区块的比特币和手续费奖励。关于矿池收益的分配机制，目前主流的是 PPLNS（Pay Per Last N Shares）、PPS（Pay Per Share）、PPS+（Pay Per Shares Plus）和 FPPS（Full Pay Per Shares）等分配机制，如表 3-1 所示。

但是，矿池的出现在一定程度上影响了比特币和区块链的去中心化趋势。如何设计合理的分配机制引导各节点合理合作，并避免出现因算力过度集中而导致安全性问题的状况，这已成为当前亟待解决的问题。

表 3-1 常见矿池分配模式

分配模式	系统奖励分配	交易手续费分配
PPLNS	动态收益，根据矿工在矿池算力的占比，分配矿池的实际所得收益	24 小时内矿池交易手续费乘以矿工在矿池算力的占比
PPS	固定收益，按照矿工算力在全网算力的占比给其分配收益，矿工的收益与矿池实际收益无关	按固定手续费分配，因矿池设定而异
PPS+	固定收益，是 PPS 和 PPLNS 两种分配模式的结合，系统奖励按照 PPS 来分配	与 PPLNS 相同
FPPS	固定收益，加强版 PPS，系统奖励按照 PPS 模式分配	24 小时的全网交易手续乘以矿工在全网算力占比得出

第六节 合约层

合约层是区块链可编程特性的基础，封装了区块链系统的各类脚本、算法以及由此生成的更为复杂的智能合约。如果说数据层、网络层和共识层三个层次是区块链底层的"虚拟机"，分别承担了数据表示、数据传播和数据验证的功能，那么合约层则是建立在区块链"虚拟机"之上的商业逻辑和算法，是实现区块链系统灵活编程和操作数据的基础。

合约层包含非图灵完备的简单脚本代码和图灵完备的智能合约。以比特币为代表的数字加密货币大多采用非图灵完备的简单脚本代码来编程控制交易过程，这也是智能合约的雏形；随着技术的发展，以以太坊为代表，逐步出现具备图灵完备的可实现更为复杂和灵活功能的智能合约，使得区块链能够支持宏观金融和社会系统的诸多应用。

一、脚本代码

脚本语言是一种基于堆栈的脚本语言，没有循环语句和复杂的条件控制语句。脚本语言是非图灵完备的，虽然减少了灵活性，但极大地提高了安全性。

在比特币交易中，脚本是比较重要的技术，比特币客户端通过执行脚本语言编写的脚本代码来验证比特币交易。

比特币脚本包括锁定脚本与解锁脚本，其中：

（1）锁定脚本类似于一套规则，在交易产生时对交易进行锁定和签名，在后续的交易中，谁能够提供与该锁定脚本匹配的解锁脚本，就能够使用该脚本所锁定的 UTXO。

（2）解锁脚本则是一个满足被锁定脚本在一个输出上设定的花费条件的脚本，在比特币中扮演着验证交易所有者、交易花费等角色。

比特币交易验证过程中，每个节点会通过执行当前交易的解锁脚本和当前交易所引用的上一个交易的锁定脚本来对交易进行验证。只有当两个脚本匹配时，交易才会被验证为有效。脚本语言可以表达出无数的条件变种，这也是比特币作为一种"可编程的货币"所拥有的特性。

在区块链系统中，脚本系统如同一个发动机，驱动着区块链系统不断进行着各种数据的收发，从而形成一个有价值的网络。脚本系统帮助区块链实现了各种各样的业务功能，本来只能通过区块链来记账，而通过脚本系统就可以使用区块链来记录各种各样的数据。比如众筹账户、物流信息、供应链信息等，这些数据一旦记录到区块链上，区块链的优点和价值就可以充分发挥。

二、智能合约

1. 基本概念

合约在生活中处处可见，如租赁合同、借条等。传统合约依靠法律进行背书，当产生违约及纠纷时，需要借助法院等政府机构的力量进行裁决，存在取证成本高、维权周期长、执行难等问题。智能合约则是一种在满足一定条件时能够自动执行的计算机程序。它不仅将传统的合约电子化，还革命性地将传统合约的背书执行由法律替换成了代码，即"代码即法律"，实现合约自动完成、全程透明、不可篡改。最为常见的智能合约系统应用就是自动售货机，客户需要选择商品并完成支付，这两个条件都满足后售货机才会自动吐出货物。

智能合约的概念于 1994 年由计算机科学家和密码学家尼克·萨博首次提出："一个智能合约是一套以数字形式定义的承诺，包括合约参与方可以在上面执行这些承诺的协议。"但是由于当时计算机技术的限制，缺少一个良好的运行智能合约的平台来确保合约能严格按照承诺和执行逻辑来执行，因此智能合约的概念在当时并没有得到太多的关注。在以比特币为代表的区块链技术诞生后，尤其是以太坊这种去中心化、防篡改平台出现后，智能合约才得到更多关注和快速发展。

智能合约旨在以数字化方式达成共识、履约、监控履约过程并验证履约结果的自动化合同，极大地扩展了区块链的功能。智能合约一旦在区块链上部署，所有参与节点都会严格按照既定逻辑执行，从而保证了区块链上大部分节点都是基于信任的基本原则来进行验证。如果某个节点修改了智能合约逻辑，那么执行结果就无法通过其他节点的验证而不会被承认。

2. 运行逻辑

一个基于区块链的智能合约包括事务处理机制、数据存储机制以及完备的状态机，用以接收和处理各种触发条件。当满足触发条件后，智能合约就会根据预设逻辑读取相应数据并进行计算，最后将计算结果永久保存在链式结构中，这也意味着条件触发、处理及数据保存都必须在链上进行。

（1）智能合约的构建。在一个区块链系统中，两个或两个以上的注册用户共同商定了一份包含了双方权利和义务的合约，将这些权利和义务以代码方式编成程序也就是智能合约。参与者分别用各自私钥对合约进行签名以确保合约的有效性，签名后的智能合约携带着合约的内容上传到区块链中，所有人都能看到。

（2）智能合约的存储。生成的智能合约通过分布式网络在全网中扩散、传达至区块链中的每个节点，节点会根据相应的共识机制在规定时间内对最新的智能合约集合达成一致共识，最新达成的智能合约集合以区块的形式扩散全网。收到智能合约集合的节点，都会根据合约参与者的私钥签名是否与账户匹配来对每条合约进行验证，只有验证通过的合约才能够写入并存储在区块链中。

（3）智能合约的执行。智能合约会定期自动检查，检查是否存在相关事件和触发条件，满足条件的事件将会被推送到待验证的队列中。区块链上的节点先对该事件进行签名验证，当大多数验证节点对该事件达成共识后，智能合约将自动执行并通知用户。

综上所述，智能合约在区块链中的运行过程是完全数字化、自动化、去中心化的，这大大降低了合约的执行成本和合规成本。

智能合约在区块链中的运行逻辑如图3-14所示。

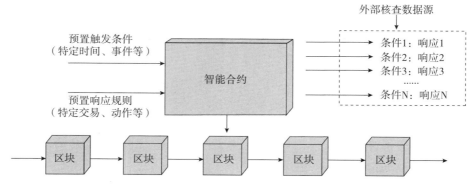

图3-14 智能合约在区块链中运行逻辑

资料来源：华为区块链技术开发团队．区块链技术与应用［M］．北京：清华大学出版社，2019.

3. 主要优势

智能合约作为一种以数字化方式传播、验证和执行合同的计算机协议，可以不受任何人为因素的干扰而自动执行，这对于降低社会信任成本、重建商业经营环境具有重要意义。其在实际应用中的优势或价值主要体现在如下几方面：

（1）去中心化。将智能合约以数字的方式进行编码，通过交易发布到全网，全网节点达成共识部署到区块链里。

（2）不可被篡改。由于区块链的数据具有不可被篡改的特性，所以部署的智能合约也不可被篡改，运行智能合约的节点不必担心其他节点恶意修改代码与数据。

（3）自动执行。智能合约在部署到区块链之后，可以被交易触发，并按照数字编码设定的逻辑规则执行。实际运行中，智能合约事先指定业务规则并公布出相应的接口和参数，用户对智能合约账户发起一笔交易的同时，需要携带相应的接口和参数。因此，节点在存储这笔交易时，该智能合约将会按照设计的逻辑执行代码，并将代码存储到区块链上。

（4）安全审计。区块链上所有的数据都是公开透明的，任何节点只要连接到互联网，都可以在区块链环境中通过使用区块链客户端同步区块信息，查看其代码和数据。这就意味着，部署于区块链系统中的智能合约的内容可以被读取、查阅和审计。

目前，常见的智能合约引擎包括以太坊的 Solidity、EOS 的 WebAssembly 和 Hyperledger Fabric 的 Docker。

第七节　应用层

应用层作为分层模型的最高层，将区块链技术应用部署到以太坊、EOS 等上面，封装了区块链的各种应用场景和案例，类似于计算机操作系统上的应用程序、互联网浏览器上的门户网站、搜索引擎、电子商城或是手机端上的 APP。应用层的发展经历了可编程货币、可编程金融和可编程社会三个阶段。

一、可编程货币

可编程货币是以数字形式表示的加密数字货币，也被称为代币（Token）。不同于电子货币，加密数字货币通过数据交易发挥其交易媒介、价值存储等功能，是一种价值的数据表现形式，但它不是任何国家和地区的法定货币，没有政府的公信力和权威来背书，只能通过使用者之间的协议来发挥上述功能。

可编程货币的发行、分配、验证等环节都依靠算法来保证，它是一种具有灵活性、几乎独立存在的数字货币，基于区块链设计的比特币就是可编程货币的一种。由于区块链具有去中心化、不可篡改、可信任等特性，能够保障交易的安全性和可靠性，因此区块链构建了一个全新的数字支付系统。在这个系统中，人们可以随时随地进行数字货币交易和无障碍的跨国支付，强烈地冲击了传统货币体系。

二、可编程金融

基于区块链可编程特点，人们尝试将智能合约添加到区块链系统中，将区块链技术的应用范围扩展到其他金融领域，形成了可编程金融。这一阶段的核心理念是把区块链作为一个可编程的分布式信用基础设施，用以支撑智能合约的应用。由于开源的程序环境和图灵完备的智能合约应用，区块链在这个时期得到了快速发展，它的应用范畴已经超越货币，延伸至期货、债券、对冲基金、私募股权、股票、年金、众筹和期权等金融衍生品。

此外，随着公证文件、知识产权文件、资产所有权文件等电子化进程及其与区块链的结合，使得有形或无形的资产都可以在区块链上找到可能的运行环境。同时，以太坊的出现也预示着区块链技术正逐步成为驱动金融行业发展的强大引擎。因此，可编程货币的目标是实现货币交易的去中心化，而可编程金融的目标是实现整个金融市场的去中心化。

三、可编程社会

可编程社会阶段是区块链全面应用的时代，随着区块链在社会生活中的应用推广，其"去中心化"功能和"数据防伪"功能逐步受到重视，由此构建了一个大规模协作社会。这一阶段区块链的应用超越金融领域，拓展到身份认证、审计、仲裁、投标等社会治理领域和工业、文化、科学、艺术等领域。

综上所述，区块链的应用经历了从去中心化应用（Decentralized Application，DApp）到去中心化自治公司（Decentralized Autonomous Corporation，DAC）及去中心化自治组织（Decentralized Autonomous Organization，DAO），再到去中心化自治社会（Decentralized Autonomous Society，DAS）的逐步演进。在这一过程中，区块链技术提供了一种通用技术和全球范围内的解决方案，不需要再通过第三方建立信用和共享信息资源，从而带来了交易成本节约和信任重构，既提高了社会管理效率，也完善了社会治理方式。未来，随着5G技术的不断成熟，区块链中网络带宽的上限问题亦能逐步得以解决。因此，从理论层面来看，区块链技术可以将所有的人和设备连接到一个全球性的网络中，从而促进资源在全球范围内的流动和配置，推动整个社会发展进入智能互联新时代。

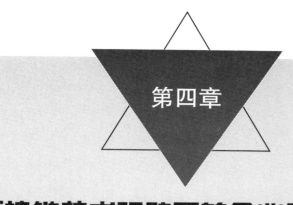

第四章

区块链技术驱动下的企业管理创新

第一节　企业管理创新的基本认知

　　管理创新是指企业把新的管理要素（管理方法、管理手段、管理模式等）或要素组合引入企业管理系统以更有效地实现组织目标的活动。主要从企业管理及管理创新角度切入，结合区块链技术的特点和应用场景，进一步分析区块链技术将如何影响企业管理，以及企业如何通过"＋区块链技术"整合资源、优化资源配置从而创造新价值、实现传统商业模式的升级和转型。

一、企业管理的内涵

　　人总是有欲望和需求，并且追求多种欲求的同时满足，由此创造出了市场、社会、企业三类内在运行逻辑不同但相互之间互补共生的交换系统，其中：

　　（1）市场是人们为了满足经济需求而创造出的交换系统，公平竞争的理念和供求机制是市场的制度体系。

　　（2）社会是人们为了满足其社会需求，依靠一定的社会关联创造出的各种集团（家庭、学校、社区、社会团体、国家等）的总和，社会制度体系（法律、风俗习惯、道德等）是社会成员之间调整相互关系的"公有秩序"。

（3）企业则是其组织成员为满足各自需求而创造出的一个集团交换系统，它以市场和社会为环境，通过与市场和社会的交换活动——在市场中要考虑经济效率、在社会中要考虑和谐公正，来维持自身的存续和成长。

在实践中，企业运行首先是通过自身的经济机能（即商品生产和交换）和社会机能（即内部组织化和经济成果再分配），将市场和社会的部分机能内部化；其次，通过与市场和社会的交换活动，发挥中间组织的作用，将市场和社会连接起来；最后，作为一个相对独立运行的交换系统，对市场、社会施加影响，为企业自身发展创造更为有利的环境条件。简而言之，企业是处于市场与社会中间的一个半开放系统，既是一个经济组织，又是一个社会组织。企业运行是一个不断在经济效率与社会公正之间寻找平衡的过程，与之相关的管理学也总是在经济理性与社会情感、适应环境与改造环境、内部化与外部化之间摇摆。

从管理学的发展及实践历程看，围绕着管理三要素——管理主体（包括决策、执行、监督等的管理系统）、管理客体（包括人、财、物，即主要的被管理者）、管理方法（指将管理者和被管理者结合起来的手段或工具），"管理理论之父"亨利·法约尔1916年提出了工业管理及一般管理理论，对管理主体进行了界定，把经营分为六种活动、管理分为五种职能，并且提出了具体的14条管理原则。"科学管理之父"弗雷德里克·泰勒1911年提出科学管理原理，他根据经济人的假设，对管理客体做出界定，提出了企业管理的目标就是要让雇主财富最大化、让每一个雇员财富最大化。"组织理论之父"马克斯·韦伯1920年提出了行政集权组织上的科层制及在该框架下的多种管理方法，目的在于解决非人格化的人际关系问题。

但在实践中，弗雷德里克·泰勒以提高效率为目标，却创造出阻碍效率的监督者；福特以流水线形成的引领，却由于故步自封被通用超越；艾尔弗雷德·斯隆以多部门架构的市场区隔使通用汽车创造了超越福特的市场占有率，却被诸多委员会束缚；丰田的精益模式曾超美国三大汽车厂的利润总和，但德鲁克认为丰田模式没有真正体现人的尊严，所有人都只是被执行者和被管理者；科层制框架下的传统企业"正三角"（金字塔式）的组织结构中，市场信息和决策权分离，带来了决策周期的冗长和决策信息的不完善，极大地影响了企业创造用户价值的速度和效率。也正是上述各自理论在实践中显现的利弊推动管理理论经历了"从物到人"向"从人到物"的转变，从聚焦效率向创新和领导力转变，从指令管理、目标管理向价值观管理的转变。

实践中，企业管理总体上是在管理者和被管理者的主体框架下遵循着管理职能动态平衡的逻辑，基于法约尔提出的计划、组织、指挥、协调和控制五大管理职能，进行管理职能的增减以及管理职能间的调整和组合。这一过程不仅是一门科学，更是一门艺术，有效的企业管理模式往往是企业自己走出来的。对单个企业而言，企业管理没有好坏之分，只有是否适合。正如法国社会学家米歇尔·克罗齐耶所言："管理是一种实践艺术，它不是简单地将一种学说或者教义照搬照抄，而是针对现实存在的问题和矛盾的某种回应，它是管理者开动脑筋去思考，并最终以恰当的方式使问题得以解决的能力。"

二、管理创新的主要动因

根据笔者所涉猎的相关研究文献，管理创新的概念最早源于约瑟夫·熊彼特的著作《经济发展理论》（商务印书馆 1990 年版，第 73 页）。该著作提出，创新是生产手段的新组合，"生产意味着把我们所能支配的原材料和力量组合起来"，主要包括如下五种情形："①采用一种新的产品，就是消费者还不熟悉的产品或一种产品的一种新特性；②采用一种新的生产方法，就是在有关的制造部门中尚未通过经验检定的方法，这种新的方法并不需要建立在科学新发现的基础之上，并且可以存在于在商业上处理一种产品的新的方式之中；③开辟一个新的市场，就是有关国家的某一制造部门以前不曾进入的市场，不管这个市场以前是否存在过；④掠取或控制原材料或半制成品的一种新的供应来源，而不问这种来源是已存在的还是第一次创造出来的；⑤实现任何一种工业的新的组织，比如造成一种垄断地位（例如通过'托拉斯化'），或打破一种垄断地位。"对于创新内涵的上述诠释，可以概括为：创新就是一种资源的组合或配置，主要包括新市场、新原料、新产品、新技术和组织管理创新。而对企业运行而言，各种创新的速度和效应不尽相同，往往最终需要组织管理的协调和控制才能实现"新的组合"、达到所谓的创新目标。因此，从这个意义上讲，管理创新的核心在于创造一种新的更有效的资源整合范式。

而在诺贝尔经济学奖获得者奥利弗·威廉姆森教授的《现代公司：起源、演进、特征》（《经济学文献杂志》1981 年第 19 期）中，则提出了"要将现代公司主要理解成许许多多具有节约交易费用的目的和效用的组织创新的结果"。换言之，企业作为一个组织，其创新的原动力是为了追求交易费用的节约，其创新的结果就是推动企业持续发展。其中的"交易费用"也称为"交易成本"，是另一位诺贝尔经济学奖得主科斯（1937）最先提出、威廉姆森在其基础上进一步系统化后率先将"新制度经济学"定义为"交易成本经济学"。科斯在《企业的性质》一文中提出，交易成本是"通过价格机制组织生产的，最明显的成本，就是所有发现相对价格的成本"、"市场上发生的每一笔交易的谈判和签约的费用"及利用价格机制存在的其他方面的成本。威廉姆森（1975）则在此基础上将交易成本分为如下几类：①搜集成本：指搜集商品信息和交易对象信息所发生的搜寻费用。②信息成本：指取得交易对象信息，以及和交易对象进行信息交换所发生的费用。③议价成本：针对契约、价格、品质进行讨价还价所发生的费用。④决策成本：进行相关决策和签订契约所需的内部成本。⑤监督成本：监督交易对象是否依照契约内容进行交易的成本，例如追踪产品、监督、验货等。⑥违约成本：违约时所需付出的事后成本。

关于交易成本产生的原因，威廉姆森（1975）认为，在人性因素与交易环境因素交互影响下所产生的市场失灵现象，导致了交易困难，从而产生了交易成本。现实中的人性因素与交易环境因素至少包括有限理性、投机主义、资产专用性、不确定性与复杂性、少数交易、信息不对称、气氛七项，这些交易成本的发生又源于交易自身所拥有的交易商品或资产的专属性、交易不确定性、交易的频率三大特征。

综上所述，企业经营管理过程中的管理创新，其主要动因在于追求交易费用的节约，其措施则是通过创造一种新的更有效的资源整合范式或是进一步的优化资源配置模式，从而提升企业可用资源的配置效率、实现企业效益的最大化，这一过程中包含了对新市场、新原料、新产品、新技术等要素的整合和配置。

三、管理创新的分类

从管理熵的角度来看，熵增是世界上一切事物发展的自然倾向，一切事务都是从有序走向混乱无序，直至死寂（克劳修斯的热力学第二定律）。任何社会组织，包括企业，在封闭的环境下从诞生、成长、发展壮大直到老化，熵值都会增加从而导致效率递减。也即，组织内部管理效率的递减是客观存在的，在相对封闭的组织运动过程中往往会出现有效能量逐渐减少、无效能量不断增加的一个不可逆过程，这也就是为什么企业具有较短生命周期的内在原因，而这也正是为什么企业需要持续的管理创新的原因。通过管理创新提升管理有效性，使组织的熵值减少，实现持续发展。华为之所以能走到今天，是因为任正非发现了企业组织的熵增秘密。一方面通过科学管理洞察人性，激发华为人为目标奋斗的生命活力和创造力；另一方面利用耗散结构原理，不断扩大开放度，从而通过熵减获得持续发展的企业活力。

实践中的管理创新包括两大类：一类是新的有效整合资源以达到组织目标和责任的全过程管理，是一种"整体性管理创新"，如稻盛和夫提出的阿米巴经营模式和丰田公司创造的精益生产这样的全新管理模式；另一类是新的具体资源整合及目标制定等方面的细节管理，是一种在企业内部某个价值链环节的"局部性管理创新"，如苹果公司的饥饿营销管理。

从所展现的创新成果来看，管理创新既可以是原创且有效的管理模式、管理方式方法，也可以是行之有效的组织新结构、管理新制度等，比如：①提出一种新发展思路。如福特汽车公司创造的生产流水线、通用汽车公司创造的事业部制等管理创新。②创设一个新的组织机构并使之有效运转。如金融中介服务机构在传统的按照业务或产品类别设置组织机构的基础上，设置基于客户细分的零售客户部、机构客户部，以及时响应不同客户的需求。③提出一种新的管理方式或管理制度，以提高生产效率或协调人际关系，或能更好地激励组织成员。④创造一种新的管理模式，以对组织内外部资源进行更优的整合和配置。

四、新技术革命对企业管理及管理创新的影响

1. 近代科学技术革命的特点及其对现代企业管理科学的影响

近代科技诞生至今，有过为数不多的从量变到质变的阶段，大体可分为五个历史阶段：两次科学革命、三次技术革命（达沃斯论坛预测研究），如表4-1所示。其中：科学革命是指能显著改变人类世界观、自然观，且其社会影响人口覆盖率达50%以上的重大理论或发现；技术革命是指能显著改变人类的生产方式和生活方式，且其社会影响覆盖的世界人口超过了50%的重大技术发明或创新。

表4-1 近代科技发展的两次科学革命、三次技术革命

时间	事件	主要影响
1550~1700年	日心说、牛顿力学	开启了第一次技术革命和第一次科学革命

时间	事件	主要影响
1750~1800 年	蒸汽机的发明和应用	掀起了第二次技术革命浪潮，引发了第一次产业变革，使英国、法国崛起为 18 世纪强国
1850~1900 年	相对论和量子力学的发展	开启了第二次科学革命，促进了电力技术的发展，打开了第二次产业变革的通道，促使德国和美国成为 19 世纪强国
1950~2000 年	信息技术的发展	引发了第三次技术革命和第三次产业变革，使日本、韩国成为 20 世纪强国
2000 年至今	反物质、基因图谱、干细胞、量子调控、云计算、物联网、大数据、AI、区块链……	以信息化、智能化为先导，以生命科技、认知科学为亮点，以新能源、新材料为支点，以环境、生态、健康为关注点，以暗物质、反物质探索为科学前沿的一场综合性科学与技术的革命

人类管理实践可以追溯到公元前的中国和古希腊，《孙子兵法》、古希腊苏格拉底等人的论述被认为是最早的战略管理之作。但真正的管理科学化却是与近现代历次科技革命如影随形的，18 世纪的第一次科技革命和 19 世纪第二次科技革命催生了产业革命的兴起，科学管理之父——泰勒使用秒表研究工厂管理、提高工人工作效率，标志着现代管理学的诞生，也使得企业组织的管理活动逐渐从经验管理转变为科学管理的模式。科学技术革命对于现代企业管理科学的影响主要体现在如下三方面：①科技进步推动社会经济发展，产生了对管理科学的强劲需求。②科技进步直接为管理科学化提供了技术、方法、手段的支持。③科学研究的思维、方法为管理学理论和管理问题研究提供了方法论指导。

2. 新技术革命的特点及其对现代企业管理科学的影响

进入 20 世纪以来的新技术革命则可以视为是第四次技术革命和第三次科学革命的一场综合性科技革命，它以信息化、智能化为先导，以生命科技、认知科学为亮点，以新能源、新材料为支点，以环境、生态、健康为关注点，以暗物质、反物质探索为科学前沿。而本轮新技术革命对于人类的影响至少体现在如下几方面：①变革了生产方式，使工业时代向智能制造（工业 4.0）、3D-4D 增材制造转变。②改变生活方式，"互联网+"、大数据、AI 智能等数字化技术全方位地改变了人类生活方式。③变革了企业、社会组织结构，区块链、云计算等技术使得组织结构趋向从纵向分层向横向群落转换，社会"群落"多样化，企业趋向于"小而美"。④改变了就业结构、人才理念与教育模式。

在本轮新技术革命中，以计算机、新材料、新能源、空间技术、原子能、生物技术为标志，一方面催生了一大批新兴产业，另一方面也给人类社会带来了巨大的不确定性，并且"不确定性"正在成为当下和未来时代的基本特征。

新技术革命所引发的不确定性具有动态性、复杂性、难预测三大特点，其中：动态性引发急剧变化，导致管理对象难以厘清、各种变量不易知晓；复杂性引发多维度、非线性、大跨界现象经常出现，因果逻辑极其复杂；难预测是指发展趋势多变导致方向不易预判。上述的不确定性直接影响到了工业时代以稳定性、可靠性、可预测性为基础建立起来且强调"人"与"物"平衡、组织与环境适应的现代管理理论范式和管理体系，从而从管理的理念、战略和方法手段三个层面深刻影响现代管理理论与方法的发展以及企业管理创新的探索与实践：

（1）管理理念层面。官僚制僵化组织、部门分割、权力分化的传统管理体系，在不确定性和复杂性的现实面前，将围绕知识创新和互联互通，被以弹性、柔性、灵敏性、包容性和人文性为特点的管理理论与治理体系所取代。传统的管理重视人对自然资源的控制、利用和掠夺，而现代管理理念则将人类与自然的统筹考虑融为一体，统筹考量科技伦理与社会伦理、人文精神与科技文明建设的协调发展。工业文明时代盛行的管理流派和理论将会重新受到实践检验、改造或淘汰，例如以短板决定容量的著名木桶原理，在"互联网+"的开放时代，组织竞争力的决定性因素正被长板理论所取代。

（2）管理战略层面。科技革命带来的新技术和新成果日新月异、层出不穷，这就使得企业管理者不得不从战略层面重视对行业发展趋势的认知和相关科技前沿的了解，重视创新人才、管理智慧等创新要素的决定性作用，重视信息技术系统的安全问题，善于进行资源组合并在此基础上创新商业模式。

（3）管理方法层面。企业经营中的具体管理工作，往往是围绕着效率和效益的持续提升，从策略层面改进管理方式、方法和手段。20世纪工业时代的管理策略，多是围绕着来自于分工的劳动效率、来自于分权的组织效率和来自于分利的人员效率来展开。然而，新科技革命带来的不确定性，使组织外部环境成了影响组织绩效的关键因素，使得效率不再主要来源于分工而是来源于协同。这就要求企业管理层在管理策略层面要善于借力新技术，完善流程再造，激励价值创造，营造具有更大包容性、开放性和容错性特点的企业文化氛围。

第二节　区块链技术及其应用综述

一、区块链技术的核心

区块链技术的核心是以较低成本构建一种信任机制。区块链技术起源于化名为中本聪的技术极客在2008年发表的奠基性论文《比特币：一种点对点的电子现金系统》。作为比特币的核心技术，区块链是一种管理持续增长的、按序整理成区块并受保护以防被篡改的交易记录的分布式账本数据库。其本质上是一种数字分布式账本，由一系列算法、技术、工具集构成的架构组合而成，以分布式、不可篡改和可信的方式来记录，以此来保证所记录交易的完整性、不可反驳性和不可抵赖性。其中：第一，区块是一种只可写入和添加的数据集，包含交易及其他记录的确认、合约、存储、复制、安全等信息。第二，较之传统数据库技术的数字化所有权记录，分布式账本能在点对点网络的不同节点之间相互复制且各项交易均由私钥签署，从而使得交易各方之间无须设置中间人，点与点之间亦无须进行信任验证。第三，在有效执行的情况下，区块链具有快速、保密、可靠和低成本的优势，其运行基础是不依赖中央机构来鉴定和验证某一数值或交易的共识机制。

从技术层面来看，区块链技术主要包括共识算法、分布式网络通信、密码学、数据库技术、虚拟机等，从而构成了区块链必不可少的五项核心能力：一是存储数据。随着数据库技术、硬件存储计算能力的发展和时间的推移，多主体间同时大量存储相同数据成为可能，区块链的大小也不断上升。二是共有数据。共识算法使得参与区块链的各个主体通过约定的决策机制自动达成共识，从而可以共享同一份可信的数据账本。三是分布式网络。分布式网络技术使得各主体间点对点的信息传输成为可能。四是防篡改与保护隐私。密码学及公钥私钥、哈希算法等密码学工具的运用，确保了各主体身份和共有信息的安全。五是智能合约、虚拟机技术的应用。跨主体生成的智能合约写入区块链系统，并且通过预设的触发条件来驱动智能合约的执行，从而允许在没有第三方的情况下进行可信交易，并且这些交易可追踪且不可逆转。智能合约不仅可以提供优于传统合同的安全性，还能减少与合同相关的其他交易成本。

典型的区块链系统中，各参与方按照事先约定的规则共同存储信息并达成共识。为了防止共识信息被篡改，系统以区块为单位存储数据，区块之间按照时间顺序并结合密码学算法构成链式数据结构，通过共识机制选出记录节点，由该节点决定最新区块的数据，其他节点共同参与最新区块数据的验证、存储和维护。数据一经确认，就难以删除和更改，只能进行授权查询操作。区块链技术内在逻辑如图4-1所示。

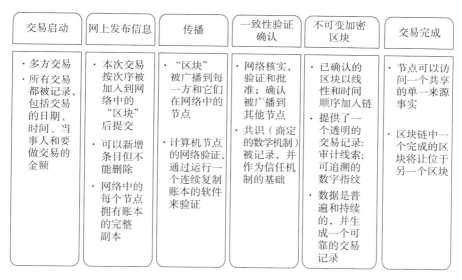

图4-1 区块链技术的内在逻辑

众所周知，基于中心化的组织或机构构建的信用体系是传统商业社会的基础，而区块链技术的去中心化、分布式存储、点对点传输、共识机制等特征，使其开创了一种在不可信的竞争环境中以低成本建立信任的新型计算范式和协作模式，并且凭借其独有的信任建立机制，可以实现穿透式监管和信任逐级传递。因此，区块链技术的核心是以较低成本构建一种信任机制，其对商业社会的影响至少体现在降低社会交易成本、提升社会效率、交易透明可监管等方面，其中的核心应用能力主要涉及如下四个方面：

（1）去中心化。区块链系统采用分布式记录、分布式存储和点对点传输，任意节点的权利和义务都是均等的，每个节点都可根据自己的需求在权限范围内直接获取信息，而不需要中间平台传递信息，这样就避免了传统中心化网络中一个中心节点被攻击可能导致整个系统被破坏的情形发生。

（2）去信任。在区块链系统中，整个系统的运作规则和所有的数据内容都是公开的，所有节点都必须遵守同一交易规则来运作，而这个规则是基于共识算法而不是信任，因此在系统指定的规则范围和时间范围内，节点之间不能也无法欺骗其他节点。简而言之，以信息化方式传播、验证或执行合同的计算机协议（即智能合约），无须任何第三方介入或是任何信任便可以进行可信交易。

（3）不可篡改、加密安全。区块链技术的哈希算法能将任意原始数据对应到特定的数字，使之成为哈希值。只要有节点被恶意篡改，哈希值就会发生变化并且容易被识别。所以一旦数据经过验证并添加至区块链被储存起来，除非能够同时控制系统中超过51%的节点，否则单个节点上对数据库的修改是无效的。而且如果有节点要颠覆一个被确认的结果，其付出的代价将远高于收益，因此区块链的数据稳定性和可靠性极高。

（4）信息透明、开放。区块链系统是开放的，除了交易各方的私有信息被加密外，区块链的数据对所有人公开，任何人都可以通过公开的接口查询区块链数据和开发相关应用，因此整个系统信息高度透明。

二、区块链技术对企业经营管理的影响

区块链技术的核心功能应用从不同层面影响着企业经营管理。当企业经营管理中面临业务开展需要进行跨主体协作、业务开展需要参与方之间建立低成本信任、业务过程存在长交易或长周期链条等情形时，利用区块链技术将帮助企业提升运营效率、防范风险、降低交易成本，其应用场景及机理至少包括如下几方面：

（1）在业务参与方之间相对独立平等的跨主体业务协作的场景下，利用区块链的共有数据、防篡改、分布式和智能合约的特点，可以把业务层面需要协调解决的问题通过技术层面来解决，使得问题的解决过程更高效、更灵活以及更具客观性。

（2）在参与方尤其是跨主体参与方之间建立信任困难或是信任维护成本高的场景下，区块链共识机制使得数据持有变得去中心化，以密码技术保证了数据无法被篡改，实现了数据客观"可信"。由计算机程序来保证合约在触发条件后及时执行并严格记录的技术降低了履约成本并确保了高效履约，同时还可以提供对交易历史的追溯查询、确保交易的不可篡改和不可抵赖，从而极大地

降低了业务开展参与方之间建立信任的交易成本。

（3）在业务开展过程中涉及的长交易或长周链条，使区块链技术可以保证各参与主体身份真实、数据可信，从而实现信用的多级传递，促进业务链条扁平化，提升业务效率。

因此，区块链技术在企业经营管理中的应用将使得企业的商业交易过程更容易达成信任、商业交易中间环节缩减，从而使得交易更具确定性，也将改变传统中介的中心化服务模式。在企业经营管理实践中，区块链技术的作用主要体现在如下几方面：

（1）降低企业活动的信任成本，提高企业内部风险管理能力。区块链技术消除了中心化的对账性组织等交易中介存在的必要性，可以简化交易流程、追踪交易过程、降低交易成本。一方面，这降低了业务协作过程中的沟通和人力成本，从而再造企业内外部信任体系，降低企业活动的信任成本；另一方面，也便于企业及时了解供需变化动态并对管理决策进行有效的监督和及时的调整，从而保障企业资金安全、增强其内部风险管理能力。

（2）提高企业信用管理水平，增强其营销服务精准性。以 TCP/IP 协议为基础的第一代互联网只解决了信息传输的效率问题，却未解决信任问题。而区块链技术通过建立多节点参与共识的、难以篡改的分布式总账，使得利益相关方可以在技术层面上成为一个不涉及第三方参与或信任的一套账本，从而为企业构建一种利益相关者更加紧密的信任关系，提升企业的信用管理水平。这一过程中，也将使得传统的数据营销更准确。区块链技术的引入，将更加便于企业跟踪广告等营销宣传的点播、放映和转化率等信息，并且获得用户共享的信息，从而获得更为全面的用户画像，进一步准确分析关注用户是否是目标客户，从而实施更为精准的营销服务。

（3）提升企业的数据安全管理水平和对风险的敏感度。区块链中的时间戳和数据区块顺序相连等技术保障，使得企业所有的生产或交易数据均被贴上一套不可伪造的真实标签；区块链底层技术哈希算法、加密技术以及电子签名应用等技术，使得对数据的访问、授权、使用和审计等都可以进行可追溯的记录与管理，从而有效提升企业的数据保护和安全管理水平，同时也有利于企业尽早预见风险、增强对风险的敏感度。

（4）促进企业价值链的更加高效和精益。一方面，区块链可以降低企业信息系统对接的复杂性，提高系统开发与集成效率，从而建成统一的信息平台，实现价值链全流程监控；另一方面，区块链技术的共识机制可以减少原来由于不信任而发生的冗余活动与环节，激发个体活力，促进参与主体之间更加紧密协作，进而在企业内外部信息集成、业务协作、资源共享得以进一步强化的基础上，实现业务与流程的重塑，实现更大范围内群体的大规模协作。上述两方面的综合作用，将进一步强化价值链利益相关者的紧密协作与共赢，约束市场经济中的非诚信行为，从而促进企业价值链更精益和高效。

正是区块链技术的上述核心功能应用，使得企业经营管理中的信息不对称得以改善，从而将在宏观层面深刻改变企业的商业模式、在中观层面推动企业组织结构的变革、在微观层面直接影响企业管理中的部分职能，从管理的理念、战略和方法手段推动企业管理创新的实践。

三、区块链技术在企业经营管理的应用场景

比特币作为区块链技术的第一个应用，其出现为区块链技术在众多领域中的使用和推广拉开了序幕。得益于点对点的分布式记账方式、多节点共识机制、非对称加密和智能合约等多种技术手段，区块链技术建立了强大的信任关系和价值传输网络，也因此具备分布式、不可篡改、价值可传递和可编程等特性，从而使其在各领域应用落地的步伐不断加快，成为企业关注的重点。2019 年以来，区块链技术的应用已从单一的数字货币应用延伸至多个行业的场景之中，其中所涉及的场景具有如下共性：一是存在去中心化、多方参与和写入数据需求；二是对数据真实性要求高；三是存在初始情况下相互不信任的多个参与者建立分布式信任的需求。

发展至今，区块链技术的应用价值主要体现在以下几个方面：

（1）从需求视角来看，金融、医疗、数据存证、数据交易、物联网设备身份认证、供应链以及创意、文旅、软件开发等领域，目前均有区块链技术的应用。

（2）从市场应用来看，区块链技术正作为减少中间环节的一种工具，应用于企业具有安全准入控制机制的联盟链和私有链等方面。

（3）从底层技术来讲，区块链更像一种互联网底层的开源协议，在改进数据记录、数据传播、数据存储管理模式等方面发挥积极作用。

（4）从服务提供形式来看，云的开放性和云资源的易获得性，使得区块链与云计算紧密结合后，进一步夯实了社会公共信用的基础设施。

（5）从社会运行模式来看，区块链技术正在推动法律、经济、信息的深度

融合，进而逐步改变原有的社会监管和治理模式，推动基于合约的法治社会建设。

实践中，区块链技术在经营管理创新上的典型应用场景主要包括金融、供应链、物联网、公益、医疗、教育、社会管理等方面，涉及审计、数字票据、供应链金融、电子数据保全、隐私保护、供应链物流、设备管理、内外高效协同等领域，如图4-2所示。具体而言，包括但不限于如下应用场景：

金融：支付、交易清结算、贸易金融、股权、风控、征信、数字货币

公益：公益捐赠

物联网：物品溯源、物品防伪、物品认证、网络安全、网络效率

共享经济：租车、租房、知识技能

社会管理：身份证明、档案管理、公证、遗产继承、个人社会信用

教育：档案管理、学生征信、学历证明

区块链技术

医疗：数字病历、隐私保护、健康管理

文娱：视频版权、音乐版权、软件防伪、数字内容确认、软件传播溯源

版权：专利、著作权、商标保护、游戏、音频、书籍许可证、艺术品证明

供应链：票据、仓储、单证

图4-2　区块链技术应用场景

（1）数据交易领域。区块链的去中心化、安全性、不可篡改性和可追溯性，可以实现数据交易的过程透明、可审计，使得参与主体之间建立信任，实现数据资产的登记、交易、溯源，推进数据交易的可持续大幅增长。特别是在物联网领域，分布广泛的物联网设备、传感器等会收集大量的数据。因此，基于区块链技术的数据交易平台，将帮助企业进行数据资产变现，加速数据市场的商用化，这一应用场景中较为典型的如证券行业的证券发行与交易、清算、风控、监管等业务场景。

（2）身份认证领域。身份及接入管理服务的重要作用是保障具备合法身份的用户或设备可以安全、高效地接入和享受服务，如在线支付、社会公益、教育认证、司法、政务服务等细分行业的业务场景。将区块链技术应用于身份及接入管理服务中，可以实现物联网设备及用户的接入鉴权、固件管理等，提高系统安全性，形成一种协作的、透明的身份管理方案，有助于企业、组织更好地完成身份管理和接入认证。

（3）新能源领域。通过区块链和智能电表，可以对不同主体的发电量进行计量和登记，从而形成一个不可篡改的发电量账本；同时，通过智能合约可以实现多余电力的点对点认领和交易，实现能源互联网从数字化向信息化，最后向智能化发展的路径，从而进一步释放新能源的社会公益价值和环保价值。

（4）供应链溯源领域。产品溯源防伪是目前社会和企业发展面临的主要难题，供应链溯源是根据不同产品的流通与使用特征（一般分为三类：肉类、蔬菜、水产品、婴儿奶粉、中药材等食用产品类；名贵酒类等高档消费品和文物、珠宝等高端艺术品等产品类；房产证、学历证等文件证书产品类），将供应链上下游企业全部纳入追溯体系，构建来源可查、去向可追、责任可究的全链条可追溯体系。区块链技术的引入，将打通供应链各环节流程、提高数据透明性，实现数据共享、可追溯性，从而解决供应链体系内各参与方在数据被篡改时产生的纠纷，实现有效的追责和产品防伪。

（5）供应链金融领域。供应链金融具有系统性、结构性的业务理念，如何获取真实、全面、有效的数据，既是供应链金融风控的基础，又是风控的难点。通过区块链的分布式账本等技术可以在供应链参与的众多企业、众多金融机构中间构建可信的信息网络，所有参与方都通过一个去中心化的记账系统分享信息流、物流、资金流信息。一方面，区块链可以帮助金融机构降低身份审核成本、实现对供应链上下游企业的可信放贷，有效减少金融风险；另一方面，区块链可以提升金融业务的人群覆盖面。

（6）运营商云网协同领域。随着 ICT 融合，通信产业从封闭走向开放，业务提供者除了运营商之外，还包括了大量 OTT 类云服务商和虚拟业务提供商。在新的业务生态模式下，运营商网络需要进行云化重构，提升自身的网络即服务（NaaS）能力并实现向各云服务商和虚拟业务提供商的有偿开放。区块链技术的引入，可以在不同节点之间建立信任，解决运营商网络的碎片化问题，促进运营商网络从封闭的内部结算方式向货币化的对外服务转型，从而在多云、多网、多端之间建立互信的新型交易模式。

第五章

区块链技术驱动下的农产品加工业管理创新

第一节　农产品加工业现状与业务痛点

一、农产品加工业发展现状

农产品加工是指将农产品按其用途分别制成成品或半成品的生产过程。农产品加工业作为农产品生产市场和消费市场的链接，与民众生活息息相关，如图5-1所示。现代农产品加工业发展的整体技术水平和现代化程度往往是一个民族、一个国家或一个区域（地区）经济社会发展和文明进步程度的重要标志，对于国家经济发展和社会稳定具有十分重要的意义。

进入21世纪以来，我国的农业生产经营水平稳步上升，农业生产总值年均增长10%以上。与此同时，2016年《国务院办公厅关于进一步促进农产品加工业发展的意见》和《农业农村部关于实施农产品加工业提升行动的通知》相继推出，《乡村振兴战略规划（2018—2022年）》中也明确提出"实施农产品加工业提升行动，支持开展农产品生产加工综合利用关键技术研究与示范，推动初加工、精深加工、综合利用加工和主食加工协调发展，实现农产品多层次、

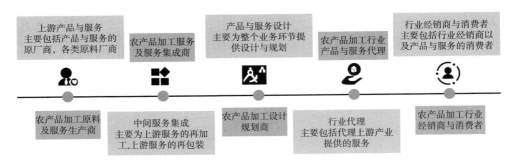

上游产品与服务
主要包括产品与服务的
原厂商、各类原料厂商

农产品加工服务
及服务集成商

产品与服务设计
主要为整个业务环节提
供设计与规划

农产品加工行业
产品与服务代理

行业经销商与消费者
主要包括行业经销商以
及产品与服务的消费者

农产品加工原料
及服务生产商

中间服务集成
主要为上游服务的再加
工,上游服务的再包装

农产品加工设计
规划商

行业代理
主要包括代理上游产业
提供的服务

农产品加工行业
经销商与消费者

图 5-1　农产品加工业的价值链

多环节转化增值"。在此背景下，我国的农产品加工业规模呈快速扩张之势，加工企业数量不断增加且经营效益良好。根据中国农科院的数据统计，2020 年我国农产品加工业营业收入超过 23.2 万亿元，与农业产值之比接近 2.4∶1，农产品加工转化率达到 67.5%，科技对农产品加工产业发展的贡献率达到 63%。整体来看，我国的农产品加工业连续多年平稳增长，主要产品产量持续增长、产品结构不断优化、农产品深加工程度逐渐提高，有力地促进了城乡居民膳食和营养状况的逐步改善，其已经发展成为我国制造业第一大产业。

二、农产品加工业发展中存在的主要问题

与此同时，我国的农产品加工业发展仍面临诸多难题，尤其是农业规模化经营不足、人多地少的问题，加之农产品供给、劳动力、能耗等客观存在的制约因素，导致农产品加工业面临可持续发展的挑战。

诸多的相关研究表明，世界各国在由传统农业向现代农业的转变过程中，都是由传统的分散经营的小农经济向集约化、规模化现代农业经济转变的过程，即农业规模经营是农业现代化的必然选择。而在我国，乡村人口总量在 1995 年开始由此前的增长趋势转变为稳步下降，1995～2011 年乡村人口年均减少1.67%，1990～2011 年乡村人均耕地、乡村从业人员人均耕地分别从 1995 年的0.11 公顷和 0.194 公顷增加到 2011 年的 0.185 公顷和 0.30 公顷，这意味着农业规模化进程已经启动。但与此同时也看到了乡村户数在持续增加、农村户均耕地规模呈不断下降的趋势，这无疑将制约农业的规模化经营。

此外，由于自然环境、社会文化、经济因素等方面的差异，我国的农村土地不仅承担着食品供给、原料产出、农耕文化传承和生态保育等功能，而且承

担着最低社会保障功能。尤其是在城乡均等化的社会保障体系尚未完备之前，农村土地的社会保障功能的长期存在导致农户不愿意离开、彻底抛弃土地而选择兼业（农地耕作以外从事非农业）。这种细碎化、日趋小规模化的户均土地必然导致农户难以专业从事农业活动，从而不可避免地产生农户兼业化的现象。农业生产的季节性也为兼业化提供了条件。

因此，我国的农业现代化进程必须正视人多地少、人地矛盾紧张的不争事实，农业及相关的农产品加工规模化进程将是一个长期过程。规模化经营不足，意味着经营主体多而小，市场规范和市场监管难度加大，从而使得水土污染、盲目追求高产、无信任流通等问题凸显。

1. 水土污染问题

水土是农业生产的基础，水土质量的好坏会直接影响农产品的正常生产，进而影响人们的生活质量。随着我国农业现代化的不断发展，部分城市生活垃圾及工业废弃物向农业环境转移，农业生产中过量使用化肥、农药及畜禽排泄物中的药物残留等都会造成水土污染。水土污染会影响到农产品的质量甚至是安全性，并且通过食物链进入人体，直接危害到人们的健康。此外，水土污染造成的农产品质量安全问题还影响到了农产品的出口，会降低农产品的出口率，导致农产品滞销。

2. 盲目追求高产

农产品的生产者主要是个体农户及小规模的农业合作社等新型经济体。在现实中，部分农户及经济体为了追求高产，会在农产品的生长过程中过量使用化肥和农药，甚至是违禁农药。过量使用化肥、农药后，造成农产品污染，消费者在食用被污染的农产品之后，身体受到危害。社会上一旦出现农产品安全问题，就会造成农产品消费市场的恐慌以及对农产品的不信任，从而影响到农产品加工业的健康发展。尽管我国每年 3~5 次的农产品质量安全例行监测显示，农产品生产中的农药残留超标问题逐年好转，农药残留超标率和残留检出值逐年下降。但是，目前农药残留状况尚不稳定，仍然存在着一些隐患：如南方地区的夏季由于病虫害严重，农药被大量使用易造成农产品农药残留超标；又如在实施反季节栽培的情况下，农药用量大并且不易降解也容易引起农药残留超标。此外，我国农药残留的标准相比发达国家还比较低，也就是说客观上还存在尚未发现的农产品质量潜在风险。

3. 流通环节的信息不对称与无信任流通

伴随信息技术的不断升级迭代和应用推广，农产品也逐步实现了线上线下的双营销模式，从农产品生产、加工、运输、存储再到营销，需要经过多个环节才能真正到达消费者手中。但在上述环节中，因为参与者之间缺乏沟通，加之农产品流通的无标准化及碎片化特点导致参与者对农产品信息的了解出现信息不对称的现象，使得包括消费者在内的各环节参与者对农产品质量的了解相对有限。同时，农产品各个环节的监管也相对薄弱，最终导致农产品的无信任流通，这也正是农产品安全事件持续发生、发酵的主要原因。

三、农产品加工业的数字化发展趋势

在当前科技赋能、创新发展的潮流下，全球范围内的农业现代化明显加快，尤其是伴随着信息技术及数字化技术的快速迭代升级，世界主要发达国家都将数字农业、智慧农业作为重要的战略发展方向，相继推出了数字农业相关发展计划，努力构筑数字农业发展先发优势，以加快农业的高质量发展和现代化进程。据国际咨询机构 Research and Markets 预测，到 2025 年，以数字农业为特征的智慧农业全球市值将达到 683.89 亿美元，发展最快的是亚太地区，年复合增长率（Compound Annual Growth Rate，CAGR）将达到 14.12%。而我国到 2025 年，农业数字经济规模也将接近 1.3 万亿元。

各国大力发展数字农业的目的在于：提高农业生产效率，实现农业产业结构升级、组织结构优化，使农业整体的产业竞争力大大提升。数字农业的突出特征是：以农业数字化为发展主线，以物联网、大数据、云计算、人工智能、5G 和区块链等数字技术和农业的深度融合为主攻方向，以"信息+知识+智能装备"为核心，以数据为关键生产要素。据不完全统计，2020 年上半年，国家已经发布 7 部"数字化+农业"相关政策，如表 5-1 所示。2020 年 7 月发布的《全国乡村产业发展规划（2020—2025 年）》强调，要以信息技术带动乡村产业多业态融合，发展数字农业、智慧农业。2021 年 3 月，中央网信办、农业农村部、国家发改委、工业和信息化部、科技部、市场监管总局、国务院扶贫办联合印发《关于公布国家数字乡村试点地区名单的通知》，公布了首批国家数字乡村试点地区名单，标志着数字农业相关的数字乡村战略进入了更加具体的实施推进阶段。

表 5-1 2020 年国家发布的"区块链+农业"相关政策

发布时间	政策名称	部门	主要内容
2020 年 1 月 20 日	《数字农业农村发展规划（2019-2025 年）》	农业农村部、中央网络安全和信息化委员会办公室	加快推进农业区块链大规模组网、链上链下数据协同等核心技术突破，加强农业区块链标准化研究，推动区块链技术在农业资源监测、质量安全溯源、农村金融保险、透明供应链等方面的创新应用
2020 年 2 月 5 日	中央一号文件《中共中央　国务院关于抓好"三农"领域重点工作确保如期实现全面小康的意见》	国务院	依托现有资源建设农业农村大数据中心，加快物联网、大数据、区块链、人工智能、第五代移动通信网络、智慧气象等现代信息技术在农业领域的应用
2020 年 2 月 10 日	《2020 年种植业工作要点》	农业农村部办公厅	夯实测土配方施肥基础，继续开展测土化验、肥效试验和化肥利用率田间试验，运用区块链、云计算等信息化技术，系统挖掘测土配方施肥十五年大数据，分区域、分作物提出科学施肥意见
2020 年 2 月 12 日	《2020 年农药管理工作要点》	农业农村部办公厅	利用区块链等现代信息技术，加快构建全国统一的质量追溯系统，逐步实现全国农药质量追溯"一张网"。完善标签管理办法，推行农药内外包装二维码关联，逐步实现农药生产、经营、使用全链条可追溯
2020 年 2 月 13 日	《2020 年农产品质量安全工作要点》	农业农村部办公厅	谋划建设智慧农安平台，运用大数据、物联网、区块链等现代信息技术推动监管方式创新，将前端农药兽药等农业投入品购买、生产过程用药、上市农产品药物残留监测等数据关联匹配，实现全程质量安全控制，推动传统"人盯人"监管向线上智慧监管转变
2020 年 2 月 17 日	《2020 年乡村产业工作要点》	农业农村部办公厅	以信息技术带动业态融合，促进互联网、物联网、区块链、人工智能、5G、生物技术等新一代信息技术与农业融合，发展数字农业、智慧农业、信任农业、认养农业、可视农业等业态
2020 年 4 月 15 日	《社会资本投资农业农村指引》	农业农村部办公厅	鼓励社会资本参与数字农业、数字乡村建设，推进农业遥感、物联网、5G、人工智能、区块链等应用，提高农业生产、乡村治理、社会服务等信息化水平

资料来源：https://mp.weixin.qq.com/s/5oIfl8b-4qLgzcGXVTh-Mw。

区块链作为促进数字农业发展的核心技术之一，由于其分布式存储、不可篡改和可追溯等特征，通过与物联网、大数据、云计算、人工智能、5G 等数字技术有效结合，能够解决数字农业发展过程中面临的农产品质量安全、农产品产供销以及农业保险信贷等难题，为数字农业发展"保驾护航"。

第二节　区块链技术在农产品加工业中的应用

目前，区块链在农产品加工业的应用主要集中在农产品质量安全溯源、农产品供应链领域、区块链农权抵押借贷和农业保险领域应用几个方面。

一、区块链技术在农产品质量安全溯源中的应用

随着生活水平的日益提高，人们越来越重视食品质量安全问题，餐桌上的瓜果蔬菜、鸡鸭鱼肉等的质量安全成为人们关注的焦点。因此，建立有效的农产品质量安全溯源体系，保证整个农产品来源去向透明、可追踪是保证其质量安全的基础。2016 年 6 月农业农村部（原农业部）发布了《关于加快推进农产品质量安全追溯体系建设的意见》，指出要全面推进现代信息技术在农产品质量安全领域的应用，建立国家农产品质量安全追溯管理信息平台。

农产品质量安全溯源是在产品的生产、加工、流通与运输等过程中，运用各种采集和记录方式获得物品的关键数据，并通过一定方式将数据按照一定格式存储，通过正向、定向、逆向方式查询存储的相关数据，对产品进行追根溯源的管理体系。但传统的农产品质量安全溯源系统存在以下问题：

（1）农产品从生产到消费需经历多个环节，农产品数据、生产商数据、供应商数据、加工商数据和物流信息等不同环节的数据通常存在数据壁垒，不能实现有效的共享，整个农产品的产业链条未实现公开透明。

（2）传统的农产品质量安全溯源系统为中心化系统，一旦系统存在漏洞，农产品相关数据可能面临被篡改的风险，而且各个溯源系统由于模式不同，相互之间存在一定的体系壁垒，导致数据难以进行共享。

农产品质量安全溯源是区块链应用最广泛、技术最成熟的领域之一。区块链作为一种由多方共同维护、使用密码学原理保证传输和访问安全的分布式账

本结构，能够实现数据的一致性存储，并让信息难以被篡改，防止抵赖。因而将区块链运用于供应链溯源管理中，可以发挥很大的价值，解决溯源系统数据采集的可信度问题、溯源数据孤岛问题和溯源数据的共享安全问题，传统农产品溯源系统和基于区块链的农产品溯源系统对比如图 5-2 所示。

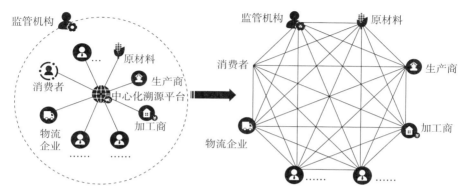

图 5-2　传统农产品溯源系统和基于区块链的农产品溯源系统对比

以农作物为例，通过将种植过程、加工过程、存储过程、运输过程及销售过程中的相关数据上链存储，可以实现农产品从种植到消费的全链条的透明化监管，且相关数据一旦上链，便难以进行篡改，进一步保证了相关数据的真实性和安全性。消费者通过扫描条形码、二维码等身份标识便可以查询农产品的原产地、施肥用药情况、化学成分等核心信息，从而建立对农产品的信任。同时，在基于区块链的溯源系统中，监管部门作为节点参与其中，由于各个链条的数据被相关责任主体进行数字签名并附上了时间戳，农产品一旦出现质量问题，监管部门可以将责任追溯到相关主体。

此外，区块链通过共识机制和智能合约，构建了统一的规则体系，打破了各经济主体间的体系壁垒，使得各经济主体能够以较低的成本实现数据的互联互通，有助于加快全国统一的农产品质量安全溯源系统的构建。

二、区块链技术在农产品供应链构建中的应用

农产品供应链包括了农产品的产前、产中和产后三个阶段，涵盖了农产品生产、加工、运输和销售等多个环节。在农产品供应链中，参与主体包括农业生产者（农户、合作社、生产基地）、农资企业、分销商（批发市场、大型批

发商）、零售商（超市、农贸市场等）、监管机构和消费者等。这些参与主体以生产者和消费者的不同角色参与产前、产中和产后三个阶段。农产品供应链将各参与主体彼此间产生的信息流、物流和资金流进行整合，建立了从农产品生产商、分销商、零售商到消费者的链式网络，如图5-3所示。

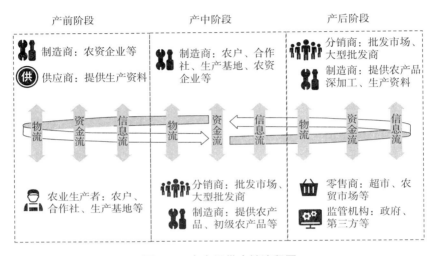

图5-3　农产品供应链流程图

资料来源：https：//mp. weixin. qq. com/s/5oIfl8b-4qLgzcGXVTh-Mw。

从农产品供应链的构成来看：一方面，整个供应链环节众多，且各个环节通常还包含各自的子环节，链条长而复杂；另一方面，农产品供应链参与主体较多。因此，农产品供应链各参与主体间信息不对称导致产销不平衡，并造成整个农产品供应链运转效率低下。基于区块链的农产品供应链系统不仅有助于实现产销平衡，而且能够大大提升供应链整体的运行效率。

一方面，利用区块链分布式记录和存储的特性，可以将农业生产者（农户、合作社、生产基地）、农资企业、分销商（批发市场、大型批发商）、零售商（超市、农贸市场等）、监管机构和消费者等农产品供应链的参与主体链接起来，整个供应链上的所有数据由各参与主体共同验证和维护，实现农产品生产、加工、运输和销售等各个环节的透明化，能够有效解决各参与主体间的信息不对称问题。各参与主体能够根据市场需求情况进行生产、分销和销售，从而保证了产供销平衡。

另一方面，在基于区块链的农产品供应链系统中，非对称加密技术和时间戳技术保证了交易过程中数据的安全性和唯一性，各参与主体基于可信数据建立了彼此间的信任关系，利用智能合约，交易双方的承诺又可实现自动执行。具体来说，基于区块链的农产品供应链系统可实现信息流、物流和资金流的可信流转，同时当交易双方达成共识后，即可触发合同的自动执行，这将大大降低供应链的管理成本。

综上所述，基于区块链的农产品供应链系统覆盖了农产品的产前、产中和产后三个阶段的各个环节，解决了各环节参与者间的信息不对称问题，不仅实现了产供销的平衡，而且能够提高整个供应链的运转效率，减少违约现象的发生。

三、区块链技术在涉农企业融资服务中的应用

目前，农村地区基础金融服务覆盖面正持续扩大，金融覆盖形式不断创新，但农村金融服务供给仍难以满足农民及涉农企业日益增长的金融需求，其中的一大制约因素在于农户及涉农企业融资（尤其是农权抵押贷款）过程中的信贷风险识别与监控问题。为此，2019 年 2 月，中国人民银行、银保监会、证监会、财政部和农业农村部五部门联合发布《关于金融服务乡村振兴的指导意见》，指出要推动新技术在农村金融领域的应用推广，积极运用区块链等技术，提高涉农信贷风险的识别、监控、预警和处置水平。

在实际操作中，农户及涉农企业以农权作为抵押进行贷款的流程涉及银行、农林以及国土等不同参与主体，但由于银行与农林、国土等农权主管部门之间无信任关系，且农权信息属于敏感信息，各参与主体间一般不会进行相关信息共享，各参与主体间存在信息不对称的情况，因此银行难以开展风险评估，向农户发放贷款意愿较低。此外，农权资源难以数字化形成数字资产，难以在各参与主体间实现流转。而且为保障农权信息的安全性，不同地区农权抵押业务通常需建立多套系统，导致部署成本过高、协调难度加大，银行难以实时监控。

上述实际操作中的信息不对称和信任问题，可以通过区块链的信任机制解决，信任从对"人"的信任转化为对"技术"的信任，各经济主体之间的信任关系建立在"机器信任"之上。因此，区块链建立了"无需任何可信第三方"的信任机制，解决了银行和农林、国土等农权主管部门之间的信任关系。区块链的加密算法、多方安全计算等隐私加密和隐私计算技术，还可以解决数据在

共享和流通过程中的安全和隐私保护问题。

同时，区块链能够将林木、林地承包经营权和林木所有权、农村土地承包经营权、农民住房财产权等资源或资产数字化，在各参与主体间进行可信流转。而银行作为其中的一个参与节点，可以对其进行实时监控，从而有效降低银行的放贷风险。同时可以利用智能合约，确保融资交易程序数字化，设定自动支付的条件和时间，简化交易流程，从而提高准确性和工作效率。

四、区块链技术在涉农保险领域中的应用

农业保险是保障农业及涉农企业持续健康发展的重要手段，根据财政部、农业农村部、银保监会、国家林业和草原局 2019 年 9 月发布的《关于加快农业保险高质量发展的指导意见》，到 2022 年，基本建成功能完善、运行规范、基础完备、与农业农村现代化发展阶段相适应、与农户风险保障需求相契合、中央与地方分工负责的多层次农业保险体系。与其他领域的保险一样，涉农保险有效运作的重要环节首先在信息审核，其中的最大难点也在于保险公司与农户之间的信息不对称。被保险人出于利己动机常常会隐瞒自身的风险以谋取更高的利益，使得灾情数据掌握不准确，构成骗保；与此同时，灾损评估方法不合理、理赔慢、现金支付手续烦琐、行业透明度低等一系列问题都导致农业保险的赔付效率大大降低。因此，基于"区块链+涉农保险"的应用，优势至少体现在以下几方面：

首先，利用区块链的分布式记录和存储、非对称加密及可追溯等特征，可以保证包括农产品加工企业在内的涉农企业的经营数据透明、真实，同时还可以对各个环节的数据进行追溯，有助于保险公司掌握真实的灾情数据，合理评估灾损，缩短业务链。而数据不可篡改的特性，可以提高保险公司的内部风控能力，确保账本系统、资金和信息的安全。区块链的透明性，可以提升保险消费者的信任度，解决制约保险需求的信任问题，重构保险营销策略。

其次，利用区块链的智能合约，还能够使农业保险赔付更加智能化，一旦灾难发生原因在保险责任范围内，系统将自动触发智能理赔合约，从投保到赔付不需要人工干预并且结果准确。这不仅简化了业务手续，大大缩短理赔时间，还提高了理赔效率，有利于降低农户和保险公司双方的成本。例如，在农业保险中，当投保事件发生时，智能合约可以自动触发索赔流程，投保人可以得到及时高效的保险理赔。

最后，通过联盟链对接多家保险公司和销售渠道，搭建农村小额保险的服务网络，实现信息共享，完善保险服务机制。

第三节　"区块链+农业"企业管理创新案例

案例一　中南建设与北大荒打造全球首个区块链大农场

2017年1月18日，江苏中南建设集团股份有限公司宣布，将联手黑龙江北大荒粮食集团股份有限公司，共同开展"区块链+农业"项目，将区块链技术应用于"大数据农业"方面。随后，双方共同出资打造了"善粮味道"平台，创建全球首个"区块链大农场"，在北大荒三江平原拉开了中国农业区块链的帷幕。北大荒粮食集团作为目前我国重要的商品粮生产基地，具有规模大、资源多、技术先进、装备齐全、管理现代化等优势。"善粮味道"平台是以农业物联网、农业大数据及区块链技术等为基础，依托北大荒大规模集约化土地资源及高度组织化的管理模式，创新性地提出了"平台+基地+农户"的标准化管理模式，建立了一个封闭的自治农业组织。在解决农产品安全供给问题的同时，也增加了农户的收入。在这个组织中，产品从原产地至餐桌的全过程都可以被追溯。而且北大荒粮食集团作为全球首个区块链大农场，其经营范围也因此涵盖了咨询、数据分析、软件开发、农产品仓储、贸易代理、互联网信息服务、农产品收购、农产品的批发和零售、社会经济咨询服务等领域。

北大荒粮食集团董事长刘长友指出：物联网与区块链技术都是新生领域的事物，生产出的产品将通过区块链技术真实地展现在消费者的面前。虽然此前建立了农业物联网，但现在看来，所做的努力依旧不够完善。若区块链技术被应用于传统农业，则农作物的生长势头及运输流程将可以被查询，消费者也可以通过扫描二维码的方式来追溯农产品。

中南控股集团旗下中南资本CEO邱泽勇表示：东北的五常大米年产量在100万~200万吨，但市面上却有高达1500万吨的销售额度，这与劣币驱逐良币的本质没有太大区别，其中的造假问题十分严重。而区块链技术在保证产品质量方面有着不可小觑的意义，现代农业也会因此而大步前行。

在"平台+基地+农户"的模式下，双方利用区块链技术共同创建分布式自治组织，从土地承包环节就采用区块链技术进行认证，认证范围包括种植、打理、采摘、加工、销售等各个环节。平台基于区块链技术，再结合线下农业种植工人的手持终端、原产地农场的IoT（物联网）设备、卫星遥感、农业机械改造、流通加工链条改造等操作，把农产品各个环节的数据都存储到区块链系统中，从而建立每个农产品的唯一"身份证"。"身份证"可以使每一件被生产出来的产品被记录到区块链中，消费者通过查询"身份证"就可以验证农产品是否可以健康食用，从而推动食品安全。

此外，通过采用物联网技术，并结合区块链技术不可篡改的特性，交叉验证了物联网数据。通过利益反哺的形式把农产品的生产模式由被动改为主动，提升了农户种植优质农产品的积极性。除此之外，该农场还利用区块链的智能合约，真正实现了农产品的溯源，重构了农产品各个环节的良好秩序。

中南建设联合北大荒所研发的区块链大农业平台是区块链技术在"大数据农业"方面的应用场景和经营方式的一种尝试。在这套系统中，可以看到区块链在农业方面最大的应用场景便是溯源，把区块链作为底层技术纳入农产品追溯监督体系中，以此实现农产品从田间到餐桌的产业链管理，大大提高了消费者对农产品的信任。对农产品各个环节的参与者来讲，能够提升农产品的品牌价值，为自身创造更高的效益。当前，国内农业信息化还尚未发展成熟，政府出台的政策都一直在鼓励"互联网+农业"，鼓励农业企业通过区块链、大数据、云计算等新技术来实现产业升级，并且也鼓励更多的金融机构进军农业领域，促进科技化水平的提升。区块链大农场基于区块链技术实现了农产品溯源，两强联手合作也正好顺应了政府希望推进农业领域转型发展的政策方向。作为把区块链技术应用到农业领域的典型代表，区块链大农场改变了传统农业领域的商业思维及商业链条，有助于建立统一的、专业化的农产品管理标准，打造"区块链+农业"的现代化农业模式。

案例二　众安科技利用区块链技术发力养殖领域

在当今社会中，越来越多的人开始关注食品健康问题，希望能够买到纯天然、绿色、无污染的食品。例如，消费者都希望吃到安全健康的鸡肉和鸡蛋。虽然散养鸡比圈养鸡的价格高很多，但是很多消费者还是倾向于购买散养鸡，因为他们认为散养鸡更加健康。

一般来说，大部分消费者很难区分圈养鸡和散养鸡，以至于很多不良商家打着散养鸡的幌子向消费者出售圈养鸡。

区块链技术能够记录食品从生产到销售各个环节的数据，消费者在追踪了解之后，能够增加对食品的信任。区块链技术可以追踪鸡在成长过程中的数据，从而使消费者可以查询到自己购买的鸡的所有数据信息。对于消费者来说，这是非常有价值的。

为了让消费者买到安全健康的鸡，并且能追踪鸡的每个环节，众安科技与连陌科技、国元农业保险、沃朴物联、火堆公益等企业进行合作，已经达成了国内第一个金融科技农村开放合作同盟，并在安徽省寿县茶庵镇推行金融科技养殖。众安科技将区块链技术、人工智能、防伪等技术应用于农业养殖，且最终与连陌科技等企业共同推出了"步步鸡"品牌，利用区块链技术来跟踪记录鸡的整个成长过程，将区块链技术与农业结合，更好地为消费者提供可信赖的农产品。当前，"步步鸡"已经在全国多个省市进行了推广，安徽、河南、贵州、陕西、甘肃、海南等地皆可见"步步鸡"的身影。

众安科技通过在每只鸡的脚上配备的智能脚环——"鸡牌"，实现全方位追踪和记录鸡的成长数据，包括鸡的年龄和产地、每天行走的步数、鸡的成长环境污染指数、饮用水质量、屠宰时间等数据信息。众安科技还采用物联网技术和传感器设备，实时监测养鸡场的整体环境和鸡的生活情况，这些监测数据会被区块链系统记录下来。同时通过"鸡牌"，鸡的生活轨迹和每天的运动情况都能被量化成无数个数据，这些数据能够为农户调整饲养方式提供参考。

"鸡牌"从戴在鸡脚上一直到到达消费者手中整个过程都不能被取下，否则监测到的数据就会中断。消费者购买到鸡之后，通过扫描鸡脚上的"鸡牌"，就能获取这只鸡从养殖到销售过程中的全部数据信息。由于区块链技术具有信息不可篡改的特点，不管是养鸡户还是销售商都无法更改"鸡牌"上的数据信息，因此使得这些被记录的信息更容易为消费者所信任，区块链技术的溯源特征也使消费者权益多了一重保障。一方面，农户通过智能监测、采集、分析视频图像，实时判断鸡的健康情况，因此可以对农户资产进行风险评估，农业保险也有了风险定价、风险控制的依据，这便解决了阻碍农业保险市场增长的一大问题；另一方面，区块链上的资产数据可以作为养殖户的征信依据，帮助银行对养殖户放贷进行风险评估，降低农业养殖贷款的门槛。而"步步鸡"舆情分析系统还可以对相关部门发布的相关养殖病害情况进行实时监测，并分析当地养殖环境数据，及时对疫情进行预警，降低农户的养殖风险，这样也就降低了保险公司及银行开展农业保险和农户贷款业务的风险。

对于区块链在养殖业的应用，众安科技开了先河。这套技术既在区块链溯源应用上为养殖业提供了解决方案，同时与金融产品相结合，尝试了养殖资产上链后，作为养殖户的征信依据，帮助银行对养殖户放贷进行风险评估，降低农业养殖贷款的风险。这种多维度的尝试，对区块链未来的应用具有指引性作用。

案例三　区块链助力农权资源抵押贷款数字化应用

中国人民银行贵阳中心支行作为人民银行省级分支机构，一直高度重视辖区内金融信息化推进和金融科技应用工作，持续关注区块链等前沿信息技术发展动态、研究成果和应用案例，并结合地方实际情况及金融服务和金融监管的履职需要，推动实现了基于区块链的农权抵押贷款信息系统的开发应用。

农权抵押贷款是指借款人以林地承包经营权和林木所有权、农村土地承包经营权、农民住房财产权等资源或资产作为抵押物，向金融机构申请贷款的业务。农权抵押贷款在优化农村经济结构、帮助农民增收致富、实现农林牧渔业可持续发展、推进社会主义新农村建设方面有着十分重要的作用。近几年来，国务院出台了《国务院关于开展农村承包土地的经营权和农民住房财产权抵押贷款试点的指导意见》等文件，要求创新农村金融产品和抵押担保方式，落实农村资源产权抵押融资功能。随后国土资源部、中国人民银行等部门陆续制定印发了一系列农权抵押贷款相关办法和管理制度，并组织推动实施，各类土地、林地等资源及产权抵押贷款工作在全国各个试点地区逐步开展。2015 年 12 月，经全国人大常委会表决通过，在贵州省 10 个县（市、区）在内的全国多个县（市、区）开展农村承包土地的经营权和农民住房财产权抵押贷款试点。

最初的农权抵押贷款业务是纯手工办理，农户需要在金融机构、农权主管部门间多次来回并重复提交很多材料，效率较低。由于金融机构、农权主管部门等机构之间无信任关系，银行与林业、国土等主管部门信息不对称。银行存在贷前信息收集成本高和贷后风险高以及贷款调查、评估、抵押登记时间长等问题；农民面临农权抵押贷款难、贷款流程复杂及融资成本高等问题。农权流转变现难，农权资源优势没有得到发挥，广大农户、林业企业虽拥有大量资产却难以实现"资源变资本"。

中国人民银行贵阳中心支行通过前期技术研究和多方论证，认为区块链技术"无中心、不可篡改、共同维护账本"的特点正好与农权抵押贷款需要多单位协作且无信任中心的业务困境有较高的契合度。基于 Hyperledger Fabric 具有较高的运行效率和较好的扩展性，因此选用 Hyperledger Fabric 联盟链构建了农权抵押贷款应用平台。平台包含了农权抵押贷款业务中有关产权确权、状态变更、抵押交易等核心流程所需的智能合约和共识机制，而且其多链多通道特性可以将不同链的账本隔离，并划分节点权限，确保了账本的机密性和独立性。

农权抵押贷款应用的每一个联盟链共包含三类账本节点：中国人民银行节点负责联盟链的管理和各类农权抵押贷款业务数据统计监测，商业银行负责按照规范的流程开展农权抵押信贷业务并维护分布式账本，农权行业主管部门负责产权审核、产权状态管理等操作并维护分布式账本。农权资产的产权确认、产权抵押及变更等关键流程均按业务规则在各参与节点间自动执行，相关数据均在对应的账本节点同步更新，数据实时生效，确保了交易流程可追溯、数据无法篡改、信息透明，有效防止了多头抵押。

基于该平台打造的林权抵押贷款系统于 2018 年初在贵州省赤水市率先上线试运行，取得了预期效果。随后，结合运行情况进一步完善系统，打造成包含林权、农村土地承包经营权、农民住房财产权在内的农权抵押贷款综合应用平台，制定系统运行管理办法、开展培训并组织完成了在全省 14 个县（市）推广实施，覆盖了全省所有市（州）的"两权"试点区域。该系统上线后，单笔贷款流程由过去的两星期左右缩短为一天内完成，同时大大降低了农户的贷款成本和金融机构的贷前贷后管理成本，减轻了行业主管部门的农权管理负担。截至 2019 年 11 月，通过林权抵押贷款系统成功发放农权抵押贷款 34.22 亿元。基于区块链的农权抵押贷款平台实现了农权抵押贷款一站式办理，提高了行业主管部门和金融机构办理农权抵押贷款业务的工作效率，进一步简化了农权抵押贷款业务办理手续，加快了农权抵押贷款授信流程，降低了贷款成本，为盘活农村资产资源、助推农村经济发展提供了有力支撑。

第六章

区块链技术驱动下的能源行业管理创新

第一节 能源行业现状与业务痛点[①]

一、能源行业发展现状

当今世界，能源仍是经济增长的重要引擎。我国是世界上最大能源生产、消费和进口国，对世界地缘政治、经济发展、能源市场、国际通道和气候变化有着重要影响。新中国成立以来，我国的能源行业发展迅猛，成绩显著，主要体现在以下几方面：

（1）支撑了经济发展。1952~2018 年全国一次能源消费量增长 98 倍，而同期的 GDP 增长 174 倍。以较少的能源增量支撑经济的迅速发展，这在发展中国家中是罕见的。相关研究显示，1976~2015 年的发展中国家能源消费弹性系数为 1.13。

（2）改善了人民生活。1949 年的全国人均能耗 48 千克标准煤，这一指标在 2019 年达到 3471 千克标准煤。1949 年的人均用电仅 8 千瓦·时（全国无电

---

① 本节资料来源于：王庆一. 2020 能源数据 [R]. 绿色创新发展中心，2020.

人口占 90%），2019 年则达到 5157 千瓦·时；人均生活用电在 1949 年不足 1 千瓦·时，而在 2019 年则达到 732 千瓦·时。在 2015 年消除了无电人口，而同期全球还有 8.4 亿无电人口，其中印度近 1 亿人。

（3）能源结构持续优化。1949 年，我国的煤占一次能源消费量的比重为 96.3%，这一比重在 2019 年下降到 57.7%；同时，石油占比达 19.10%、天然气占比达 8.3%，核电、水电和风电的合计占比达 14.4%。

（4）节能成效显著。按 2018 年价格计算，万元 GDP 能耗从 1953 年的 910 千克标准煤降至 2018 年的 520 千克标准煤，下降 43%。1995~2015 年，中国节能量占全球的 52%，2016~2019 年节能量 6.52 亿吨标准煤，超过一次能源消费增量 5.02 亿吨标准煤。

（5）能源技术创新。截至 2019 年，我国能源技术在世界处于领先地位的主要包括：高速铁路，营运里程 3.5 万千米，占世界 2/3；电动汽车保有量 333 万辆，远超美国的 145 万辆；超临界燃煤发电，百万千瓦机组 111 台，超过其他国家总和；可再生能源发电、风电、光伏发电装机容量 414.9 吉瓦，远超美国的 229.2 吉瓦；特高压输电，最高电压等级 1100 千伏，世界最高。

二、能源行业发展面临的挑战

伴随着改革开放 40 多年以来我国经济的高速发展，能源行业在迅猛发展中积累的矛盾也日渐显现，加之全球范围内多层面竞争的加剧，使得能源行业及企业的发展面临如下挑战：

（1）减碳达标的挑战。2019 年，我国承诺 2060 年前实现碳中和，其中首当其冲的就是占碳排放量 70% 的煤炭。现实中，煤是许多地方的支柱产业，有的县的税收主要靠煤，对减煤消极抵制。此外，从成本来看，电力部门的煤电成本仅 0.3 元/千瓦时，气电成本为煤电的 2~3 倍。可以预计，去煤化遭遇多重阻碍，难度极大。相关统计数据显示，全国散煤用户 2018 年多达 1.1 亿户，耗煤 10.55 亿吨，在 2019 年仅减少 0.45 亿吨。

（2）资源约束的挑战。我国 90% 的煤炭资源分布在生态环境脆弱地区，开采条件差，生产成本高。2018 年，矿井平均开采深度已达 510 米，最深 1450 米。煤炭出矿价 66.1 美元/吨，为开采条件优越的美国的 1.7 倍；原煤生产人员效率 1052 吨/人/年，仅为美国的 12.5%。我国油田小而分散，开采条件差，单井平均日产仅 2 吨，而中东地区高达 685 吨。2018 年开采成本 50 美元/桶，为中东地区的 10 倍。2019 年，我国原油进口依存度高达 72.5%。

（3）环境恶化的挑战。我国二氧化硫排放量在 1949 年仅为 0.1 兆吨，而在 2019 年达 14.41 兆吨，仅次于印度；二氧化碳的排放量在 1947 年为 70 兆吨，在 2019 年则达到 8890 兆吨，是同期美国 4965 兆吨的 1.8 倍，人均排放量 6.35 吨，也超过世界平均值 4.51 吨。

（4）市场化改革的挑战。截至目前，我国在能源领域市场化改革严重滞后，能源体制的市场化仍存在较大空间。仅从能源定价来看，政府通过行政手段规定成品油价格下限、电煤合同基准价、管道天然气门站价和输配电价的这一模式，在一定程度上助长了能源价格的扭曲。2018 年，占煤炭销量 85% 的长协煤（煤炭企业与用户签订的供销合同煤，为期 5 年），政府定价为 559 元/吨，每吨定价比市场价少 150 元，价格扭曲在一定程度上也助长煤炭浪费。此外，石油、石化、电力、煤炭等企业仍存在一定程度的行政性垄断，从而不利于能源市场的公平竞争、技术创新和效益提升。2018 年，中国石油天然气集团公司人均油气产量 117.8 吨标准油、人均营业收入 26.3 万美元、人均利润 0.15 万美元，分别为埃克森美孚公司的 7.3%、6.4% 和 0.5%。

三、能源行业及企业的数字化发展趋势

对于能源企业而言，数字化被认为是当前实现传统能源行业转型升级并重新焕发生机的重要驱动力，其中主要原因在于：

（1）由于气候变化和环境保护的双重要求，传统的以煤炭、油气等一次能源为主体的能源结构正在逐渐向基于电力系统的光伏、风电等二次能源调整转型，而电力系统相比化石能源在本质上具有更契合数字化的先天优势。

（2）人工智能、大数据、云计算、物联网等技术的快速发展迭代为传统行业的数字化提供了完美的网络和算力基础设施，客观上为数字化的崛起扫清了技术层面的障碍。

（3）传统行业在互联网时代遇到的商业瓶颈也迫使从业者们重新审视发展之道，优先踏入数字化的领域企业带来的竞争优势倒逼周边的其他从业者开始转型，传统能源行业开始向数字化敞开大门。

在此背景下，我国积极推动能源系统转型，实施"互联网+"智慧能源战略。2016 年 2 月 29 日，国家发改委发布《关于推进"互联网+"智慧能源发展的指导意见》，旨在促进能源与现代信息技术深度融合，推动能源生产管理和营

销模式变革，重塑产业链、供应链、价值链。同年 8 月 18 日，国家能源局组织实施"互联网+"智慧能源示范项目。"互联网+"智慧能源意味着能源生产的智能化和数字化，引领"源—网—荷—储"协调发展、智能集成、多能互补成为未来能源互联网的发展趋势。另外，这也催生了基于分布式能源、智能微网的新型商业模式，为日后实现更广泛、更灵活的能源交易和补贴模式提供了有益的尝试。

如果说"互联网+"智慧能源战略是中国能源数字化转型开端的话，"区块链+能源"则是能源数字化的进一步探索与尝试。相比较而言，能源互联网的实质是将原有的能源数据进行电子化和互联网化，体现为能源管理系统的操作平台化和能源产品的电子商务化，这仅仅是业务层和终端交互方式的变化，并没有带来能源行业生产关系的变革，无法实现可再生、分布式、互联性、开放性、智能化的特性。而区块链技术下的能源区块链，则是利用去中心化的分布式账本技术，通过智能合约、共识机制、加密算法等，在商业信任、价值传递、交易清结算等多维度解构现有的能源生产和消费等管理模式，并搭建新的能源商业体系的底层架构。

区块链技术在能源行业中的应用逻辑主要在于：

（1）能源区块链中各节点都可以成为独立的产销者（Prosumer），以去中心化形式互相交换能源流、信息流、价值流，同时各主体平等分散决策。区块链技术去中心化的属性可以匹配该结构，实现所有节点权利义务对等。

（2）区块链技术不可篡改的特征使得多元化的能源市场中无须第三方的信任机制即可实现信任和点对点的价值传递。

（3）基于区块链开发的智能合约可以使合约的执行变得智能化和自动化，购售电交易、需求侧响应等都可以通过区块链的智能合约来实现。

因此，在数字化浪潮下，以能源用户为主导的能源变革对企业原有系统和管理模式提出新的挑战，将区块链技术应用于能源行业，可以实现去中心化的能源系统模式，生产者和消费者之间能够通过区块链的智能合约实现直接交易，从而引发能源企业的管理创新。截至目前，能源企业和互联网企业对于"区块链+能源"均有所尝试。比如，从风机硬件制造起家的远景集团试图将其形象定位为能源互联网首倡者，选择以输出能源互联网操作系统的策略获得"大一统"的地位；协鑫、汉能等光伏企业则是在自身持有的电站上嵌入基于物联网、大数据和云平台的互联网化的运维监控集成管理系统；同时，BAT 这样的重量级互联网企业也纷纷入局，如腾讯与中广核签署协议，以"互联网+清洁能源"

为核心，开展包括混合云、全球协同通信、微信企业号、互联网金融等方面的合作；阿里巴巴则是在光伏组件生产端发力，天合光能宣布引入阿里云 ET 工业大脑，借助云计算、大数据等人工智能技术，寻找更优生产工艺，以提升电池片光电转化率。

第二节　区块链技术在能源行业中的应用

区块链在能源行业应用主要涉及去中心化的能源交易、分布式的可再生能源交易结算、结构性行业变革等诸多方面。

一、区块链技术在碳排放权认证中的应用

为促进全球温室气体减排，减少全球二氧化碳排放，联合国在 1997 年 12 月通过了《京都议定书》，碳排放权和碳排放配额自此成为具有价值的资产，可以作为商品在市场上进行交换，即减排困难的国家、地区或企业可以向碳排放交易所购买该类资产。

随着越来越多的国家或地区考虑将碳市场作为节能减排的政策工具，碳交易已逐渐成为全球应对气候变化政策的核心支柱。碳市场的重要场所是碳排放交易所，现有的碳排放交易所多为地域性碳排放交易所，无法实现全球范围的碳汇、碳配额等确权及交易结算问题，而且中心化管理无法保障各个控排企业的碳排放数据、配额和中国认证减排量（Chinese Certified Emission Reduction，CCER）的数量、价格等数据的真实性和透明性，并且信息的不透明也让很多机构和个人无法真正参与进来。同时，传统碳资产开发流程时间长，涉及控排企业、政府监管部门、碳资产交易所、第三方核查和认证机构等，平均开发时长超过 1 年，而且每个参与的节点都会有大量的文件传递，容易出现错误，影响后面结构的准确性。

这些问题都可以运用区块链技术来解决。通过多节点的网络，记录可以共享，每吨碳及每笔交易信息都可追溯，避免信息篡改及信息不对称。这不仅提高了碳排放权认证的时效性，也保证了其准确性。同时还能够在更大的范围内建立去中心化的、高效透明的碳排放权交易所，可以将碳排放权通证化，用智

能合约来进行碳排放权核算、交易以及超标惩罚，处理跨境碳关税等，使整个流程变得透明、公开、准确。

在区块链的帮助下，不仅能够更真实地记录全球的碳排放情况，减少偷排现象，而且能够促进碳排放权交易市场的发展，在掌握全球碳排放总量的情况下，促进碳排放权的合理分配。同时，通过区块链技术对全球碳排放统计统一标准，增强数据的真实性，也可以看出全球各国家和地区谁制造了更多的排放量，为负责任的国家和地区争取更多权益。

目前，IBM 已经和中国能源区块链实验室一起宣布要打造全球第一个区块链"绿色资产管理平台"，用这个平台来支持低碳排放技术，并且促进信息的共享化和透明化，缩短碳资产开发的时间周期。

二、区块链技术在综合能源系统协同建设中的应用

综合能源系统通常是指包括煤炭、石油、天然气、电能、热能等多种能源，其通过"源—网—售—荷"全环节的能源交互，满足各类用户的电、热、冷等用能需求。随着未来能源系统不断向着多种能源的集成化发展，一方面，系统将涵盖更多的风力发电、光伏发电等可再生能源，而可再生能源显著的间歇期和不确定性形成了更为复杂的能源供给方式；另一方面，吸收式热泵、余热回收等各类节能降耗技术的集成应用，提高了综合能源系统能源利用效率的同时，也进一步提高了系统的复杂程度。因此，随着能源系统复杂程度的增加，对于综合能源协同服务需求更为迫切。

区块链的去中心化、分布式记账等技术特点，可以解决综合能源协同服务面临的这些问题，实现能源生产信息、能源网分布信息、能耗数据、储能信息等数据的上链可信背书，全面优化业务流程，提升业务办理效率。

综合能源区块链系统将政府、能源供应企业、监管部门、能源用户、金融机构等各方作为节点，搭建点对点的能源信息传输网络，建立分布于各个节点的分布式数据库与记账机制。通过区块链技术建立协同化、智能化、数字化和低碳化的综合能源区块链网络，实现去中心化、去信任化、智能高效的能量管理，解决交易计价、风险测量、损耗评估、调度策略和结算等方面的技术瓶颈。

综合能源区块链网络可以保存所有节点和网络重要参数的数据，辅助实现用配电的分散化决策。分散化决策取决于体系各个节点和调度模块的互相协调，

可确保整个系统始终处于高效运转的水平。实现模式多模块协同自治，决策数据基于区块链记录，决策机制由人工智能机器给出并通过物理网联动执行设备完成。

由于综合能源区块链网络的能源交易不涉及共同对手方的问题，因此很大程度上解决了交易信任度，降低了信用风险，提高了能源交易主体的公信力。区块链上的能源交易形成形形色色的"能源区块"，区块记录的数据包括流向数据、调度数据、计费解算和节点信任度评估数据。数据经过统一封装，分布记录保存在链上。数据一旦上链，即具有不可篡改性、可追溯性和非对称加密特性。

这一综合系统，既实现了系统内部多种能源的有效平衡和高效利用，又达到了系统外部能源供需的广域互联和有效监管。同时，基于区块链的综合能源服务在底层技术上实现了能源的自动撮合交易，整体提升了服务效率和交易透明度，从而有利于提高能源利用效率，并间接推动我国能源改革的进程，为我国经济社会的发展提供原动力。

区块链技术在综合能源系统协同方面的应用如图6-1所示。

图6-1　区块链技术在综合能源系统协同方面的应用

资料来源：https://mp.weixin.qq.com/s/_TqiFOjNA2cN1RGe5AysQw。

三、区块链技术在虚拟发电资源交易中的应用

近年来，各种分布式能源、储能设备、可控负荷、电动汽车等分布式能源装置数量正在快速增加。根据国际可再生能源署（IRENA）发布的 *Renewable Capacity Statistics* 2019 报告，当前全球分布式可再生能源已占据总装机容量的 1/3。对于市场上大量的、可发电的分布式能源，聚合这些能源不仅可以有效降低当前电价，而且也能够帮助中心化电网削峰填谷、缓解其高峰期输配电压力。但是当前电网及其能源交易市场并没有对应的设计机制和解决方案。而虚拟电厂VPP（Virtual Power Plant）作为一种新的能源聚合形式，为大量分布式能源聚合与消纳提供了可行方法。通过先进的通信技术，虚拟电厂聚合和控制各分布式能源，并使各分布式能源能协调优化运行，从而实现彼此交互调整出力，实现可靠并网。

与传统电厂相比，虚拟电厂的构成资源更多样化，更具有环保性，更有利于促进电力行业的转型以及整个电力系统的发展。但在实际运作中，虚拟电厂具有地域分散性、市场化、自治性的特点。随着各种分布式能源和分布式电源越来越多，虚拟电厂以及相关发电资源的交易也会更加频繁，这就需要自适应、去中心化的能源调度，这也正是区块链技术的优势。

虚拟电厂和区块链技术有较强的内在一致性，都可以建立在智能终端物联网的基础上。区块链所具有的分布式、交易透明、难篡改以及可追溯的特点，也与虚拟电厂地域分散性、市场化、自治性的特点相契合。区块链系统由网络中所有的节点共同运行和维护，并使用特定的激励机制来保证分布式系统中所有节点均参与信息交换过程。这种运作模式，为同样由众多分布式能源构成的虚拟电厂的运行调度提供了有益参考。

第一，随着泛在电力物联网发展，数以亿计的数据和资产需要进行在线记录和交易，利用区块链技术能构建一种信任机制，促进点对点交易和信息共享存储；

第二，通过智能合约保证交易合规性、合法性和有效性，并对交易过程中的每个合同实现全生命周期管理，实现权益与价值的自动转移；

第三，区块链能帮助实现精准化管理，清晰记录每笔电的输、发、配、送，为每度电构建其数字映射，为大数据和人工智能进行分析提供可信服务；

第四，改变目前电力数据所有权为电网公司，且只能参与电力购买的状况。通过区块链赋能电力数据和资产的所有权为个人认证用户，人们可将其用于个人信贷和金融资产交易；

第五，区块链本身具有金融属性，能够有效参与电网各环节的清结算活动，降低远距离传输线路损耗，促进分布式能源就近消纳，从而鼓励市场化交易行为，提升行业数据共享能力。

因此，通过区块链技术，可以安全便捷地将分布式能源资源纳入电网平衡过程。利用大量的分布式资源创建"虚拟发电厂"，不仅提供了与集中式发电厂相同的服务，而且用户还可以从自有资产中获益，这大大降低了系统的运营成本，并大幅提升电网利用率，显著提高可再生能源、能效和清洁能源资产等纳入电网运营的能力。

区块链技术在虚拟发电资源交易方面的应用如图 6-2 所示。

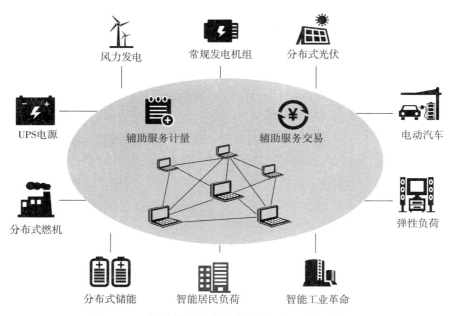

图 6-2　区块链技术在虚拟发电资源交易方面的应用

资料来源：https：//www.jianshu.com/p/43fffc54b487。

第三节　"区块链+能源"企业管理创新案例

案例一　美国 TransActive Grid 区块链能源项目

2016 年 3 月 3 日，位于美国纽约布鲁克林的绿色能源创业公司 LO3 Energy 与去中心化应用创业公司 ConsenSys 合作成立"TransActive Grid"项目。TransActive Grid 首次利用以太坊技术和智能合约，在能源支付中建立基于分布式能源的智能微电网交易体系，实现点对点的能源交易和控制。系统通过双节点的模型，在微电网中收集消费和发电数据，并将其存储到区块链中。TransActive Grid 包括智能仪表硬件层和使用区块链智能合约的软件层，整个平台基于以太坊构建，能够提供一个可审计的、无法篡改的、加密的、自动交易的历史，并自动执行智能合约。参与的家庭都配备了连接到区块链的智能仪器，追踪记录家庭使用的电量，并管理与邻居之间的电力交易。

公司首先在布鲁克林地区构建居民之间安全、自动的 P2P 能源交易和支付网络。例如，在总统街道一边的 5 户家庭通过太阳能板发电，在街道另一边的 5 户家庭可以购买对面家庭多余的电力。而连接这项交易的就是区块链网络，几乎不需要人员参与就可以管理记录交易。2016 年 4 月，首笔基于以太坊的电力交易完成，布鲁克林的居民艾瑞克（Eric）把自己的太阳能电池板产生的多余电能直接卖给了他的邻居鲍勃（Bob）。艾瑞克拥有的每单位能源被计算并记录在以太坊中，然后使用可编程的智能合约指令使这些能源能在公开市场出售，如图 6-3 所示。如果邻居没有购买这些电能，产生的多余能源就以批发价格卖回电力公司。

区块链技术在 TransActive Grid 所倡导的能源交易过程中扮演着重要的角色，用来追踪记录用户的用电量以及管理用户之间的电力交易，电力数据通过区块链技术可以成功实现货币化。TransActive Grid 的目标架构没有中心节点，纯粹是用户和用户之间点对点的交易，区块链的分布式结构和数据不可更改的技术特点完全吻合布鲁克林的智能微电网交易体系，也符合 TransActive Grid 团队对于 P2P 支付方式的设想。

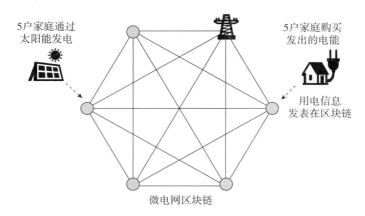

5户家庭通过
太阳能发电

5户家庭购买
发出的电能

用电信息
发表在区块链

微电网区块链

图 6-3　TransActive Grid 项目

TransActive Grid 目前遇到的问题是原始设计的设备比较笨重、用户界面不够友好，所以 LO3 Energy 团队正在开发一款内容简单、容易使用的 APP，使用户能够更方便、快捷地使用这项服务。TransActive Grid 未来可能遇到的问题是由谁来进行大规模推广，这可能也是许多能源区块链项目都会遇到的问题。居民之间的电力交易让能源区块链的建造商利润几乎为零，大型的电力企业和互联网企业不会对此感兴趣。因此，一方面，TransActive Grid 的推动者们有着推动社会发展和居民福利的愿景。另一方面，TransActive Grid 目前只局限于布鲁克林地区的个别社区，未来的大规模推广将会让 LO3 Energy 和 ConsenSys 有较大的成本负担。

TransActive Grid 项目将区块链技术应用于追踪记录用户的用电量以及管理用户之间的电力交易，探寻了电力数据实现货币化的可行性，同时已经证明一个本地的智能能源交易系统要比传统的自上而下的能源配电系统更有效，也更节约成本，区块链对于构建微电网系统的潜力和价值也是巨大的。虽然整个项目因为合作双方对于市场方向产生矛盾，目前处于暂时停滞状态，但它的尝试为后来者提供了很好的范例及改进方向。

案例二　基于区块链的能源生态网络

2017 年，澳大利亚的区块链软件公司 Ledger Assets 创立 Power Ledger 项目。Power Ledger 是一个基于区块链技术构建的 P2P 的太阳能剩余电力交易系统，该技术愿景是通过区块链技术来改变能源的生产、分配以及交易模式，最终达到人人都能使用更可靠、更便宜以及更环保的能源。

在传统的能源体系中，电力公司占据主导，它控制电网并通过电网把电输送给个人和工业企业。电力公司可以决定发电量、决定在哪里发电，通过中心化的系统来保持电力系统的正常运行。传统电网的优势是通过中心化运营，消费者获得了相对稳定的价格和安全。但随着电力能源的分布式发展，包括太阳能、电池等不断发展，普通用户开始获得了电力的部分控制权。例如 2011～2016 年，澳大利亚住宅屋顶安装的新发电量超过传统电网。这是一个标志性的发展，也是 Power Ledger 整个项目愿景得以发展的最重要的社会基础，这意味着能源的生产主体开始发生实质性的改变。

分布式能源的发展，意味着双向能源流动成为可能。目前虽然有数百万生产能源的个体存在，但因为没有一个好的体系来实现价值交换，所以没有足够的动力贡献出来。Power Ledger 通过构建一个分布式的电力交易网络，鼓励更多人进行可再生能源的生产，把能源输送进网络，并获得公平的回报，同时交易的实现无须任何第三方中介加入。

Power Ledger 主网最早在自己的区块链 EcoChain 上搭建，在 2018 年初迁移至基于以太坊的联盟链。区块链技术的应用使得电能在产生的时候就能确定电能的所有者，然后通过一系列交易协议完成电能所有者和消费者之间的交易。住户可以直接将剩余电能卖给其他住户，出售价格也高于直接出售给电力公司的价格，电能的生产者获得了更大的收益，电能的消费者也获得了更低的用电成本。在交易过程中，没有任何第三方进行系统的调控，包括控制参与人的数据、价格的制定、费用支付的担保、电力分配模式等。交易完全通过区块链来做协议调控，通过智能合约实现即时的结算。这种去中心化的模式可以使用户之间进行可信任的直接交互，完成利益互换，相对于传统电力网络来说，有着极大的优势。由于 Power Ledger 的核心价值观是可持续，所以它希望尽可能减少能源消耗，因此放弃比特币采用的 PoW 共识算法，而是采用公链和联盟链混合的模式，采用 PoS 共识算法。

Power Ledger 于 2017 年上半年在珀斯市区推出覆盖 80 个家庭的正式版交易系统，这是历史上首个投入使用的 P2P 电力交易系统。同时，Power Ledger 公司利用区块链技术还进行了三次电力交易，该电力交易模式把电力供应商与消费者之间直接连接到一起，不再需要第三方机构的参与。作为电网企业的一个新模式，这不仅能让消费者自主管理电力能源，还能使消费者通过能源共享获得利益。

Power Ledger 虽然已经进行了三次电力交易实验，但总体上还处于示范阶段，交易系统的稳定性尚未得到认证。同时，一方面，主要的电力公司很少推动分布式能源系统；另一方面，P2P 电力交易系统降低了人们对于中心化电网的依赖，中心化能源供应商可能会"游说"政府征收"电网使用费"，阻挠 P2P 电力系统的大规模开展，因此监管压力和资金将是 Power Ledger 未来遇到的主要障碍。

整个电力网络从发、输、电、配到售、用、储，是一条无比复杂的价值链，同时因为电力行业具有即时生产、即时消费、难以存储等非常特殊的特性，导致整条价值链上各环节环环相扣，而且能源流、资金流、信息流这三流之间也是你中有我，我中有你，整个系统的复杂度、交易成本呈指数级上升。Power Ledger 构建的太阳能剩余电力交易系统作为全球首个使用区块链的 P2P 电力交易系统，不仅是分布式能源交易的一次伟大尝试，还为减少交易成本提供了一条可尝试的有效途径。

案例三　我国的能源区块链实验室

在我国，成立于 2016 年的能源区块链实验室是全球第一家专注于区块链技术实现能源资产数字化和推进绿色金融服务的科技企业，致力于在能源产业价值链全环节实现区块链技术应用。它也是全球顶尖区块链开发组织 Hyperledger 项目中唯一的能源行业成员。实验室以实现能源革命为使命，拥有比较完备的区块链技术开发团队和金融产品设计团队。目前涉及的三大类应用场景包括资产证券化（ABS）、碳资产开发（CCER）和绿色消费社区（GC）。

能源区块链实验室通过将能源市场与金融市场应用场景进行深度融合，打造了一款低成本、高可靠的服务于绿色资产数字化的区块链平台。产品以基于区块链的互联网服务（Blockchain as a Service，BaaS）作为表现形式，提供基于区块链的绿色资产数字化登记和管理功能。服务的绿色资产包括各类碳排放权和自愿减排额度、绿色电力证书和积分、用能权、节能积分、能源设备共享经济积分、绿色债券、绿色信贷、绿色资产支持证券等；服务的市场包括电动汽车、可再生能源、虚拟电厂、工商业节能/储能、绿色金融等领域。平台将绿色资产开发各环节的参与方（包括登记机构、交易机构、中介机构、征信机构、评级机构、监管机构、原始权益人、第三方管理机构等）纳入基于区块链的分布式账本，实现基于区块链的信息和数据传递以及评审和开发过程中的多方协作和监管。通过过程重塑，打造各类绿色资产的数字化登记和管理平台。

实验室研发的区块链平台将大幅压缩各类绿色资产在开发、注册、管理、交易和清结算流程中的信任成本和时间成本，进而压缩各类绿色能源资产尤其是各类小规模分布式能源资产的融资成本和使用成本，加速电动汽车、分布式可再生能源、储能等绿色能源生产和消费模式的平价上网和平价利用。

能源区块链实验室的绿色资产数字化区块链平台的第一项应用是中国碳市场应用，进行数字化的资产是 CCER（中国自愿温室气体减排量）。经测算，能源区块链实验室的区块链工具可以缩短 50% 的 CCER 碳资产开发时间周期。其完整系统由物联网系统和区块链系统两部分组成：物联网系统主要包括部署在用户侧的各类智能计量系统和模块（智能电表、智能水表、智能气表等）；区块链系统是指部署在相关参与方的多节点结构的许可型区块链系统，节点可以根据行业要求和节点属性布置在能源资产本地、第三方验证机构、质量认证机构、公用事业公司、能源或者金融交易所、能源监管机构等。通过部署在用户侧的智能计量系统实时采集发用电设备的生产和消费数据，通过物联网系统将数据推送到由监管机构、认证机构作为验证节点组成的许可型区块链系统，实现对于原始发用电数据的共识验证和信任背书以及不可篡改性加密。此外，平台还利用大数据分析工具，对"脱敏"后的区块链内数据进行数据挖掘，分析并标记出具有异常的数据，可以有针对性地判别出数据申报造假企业。

我国的能源区块链实验室是全球第一个将区块链作为工具与能源互联网相结合的机构，利用区块链技术对绿色能源进行资产登记、溯源、流转，既大幅提升了效率，同时又降低了交易成本。从能源区块链实验室的尝试中可以看到，未来区块链与能源互联网的结合基于五个方面：第一，基于区块链的数据可信、公私钥结合的访问权限实现隐私保护和可信计量；第二，基于区块链防篡改特性，实现主体间强制信任并实现强制信任下的泛在交互；第三，基于"区块链+大数据+人工智能"构成的可信任预言机签署外部数据，实现虚实交互的自律控制；第四，基于区块链部署的设备间点对点交互式决策，不需要将信任托付于中心化平台代为决策，实现了设备民主和分布决策；第五，基于智能合约，各主体间通过明确的互动规则进行随机博弈，系统呈现中性演化，并通过改良互动规则实现竞争进化，最终实现广域博弈，协调演化。

第七章

区块链技术驱动下的金融行业管理创新

第一节　金融行业发展现状

一、金融业本质特征与金融企业共性

金融的本质是资金的融通，即资金供求双方围绕资金使用及相关的收益权进行交易，一般存在跨期。这一交易过程中的两大核心要素分别为收益率（即资金回报的多少）和风险（即资金回报的不确定性）。由此也产生三类最基本的资金融通活动或交易形式：一是资金供给方索取相对较低但固定的回报，例如投资于债权类资产；二是资金供给方以转嫁大灾等特定事件风险为目的，例如购买保险、期权产品，或从事期货的套期保值交易；三是资金供给方索取的期望回报不固定，例如投资于股权类资产，或投资于期货的投机交易。这三种模式本质上都是资金需求方（即融资者）和资金供给方（即投资者）选择的结果，但由于存在信息搜集、信任与履约保证等交易成本，就需要第三方来促成交易并在过程中帮助降低交易成本、提高交易效率，而这第三方正是金融行业。

因此，金融业的基本职能是充当资金供求双方及其投融资交易的交易中介。例如充当债权类中间人，促成最终贷款人与最终借款人之间的交易，包括银行的贷款业务、担保等辅助业务，也包括影子银行业务；充当保险类中间人，例如保险代理或保险经纪，促成投保人与愿承担风险的最终保险人之间的交易；充当股权类中间人，促成股权投资者与股权融资方之间的交易，如证券公司的证券承销发行、证券经纪、资产证券化业务等。根据国家统计局数据，2019年中国金融业增加值占GDP的比重为7.8%。随着中国经济结构转型升级，金融业在国民经济增长中的地位日益重要。目前，中国金融行业形成了"国有大行—区域中小行—非银行金融机构"的分层体系，其中：国有大行业务覆盖全国，为实体经济部门提供综合化产品；区域中小银行由于具有区位优势以及不同于国有大行的业务特点，在服务地方经济方面具有明显优势；信托机构、保险等非银行金融机构针对特定客群和产品，拓展传统商业银行业务链条，以证券公司为主要代表的非银行金融机构则通过资产管理、交易投资、资本中介等多元形式参与资本市场直接融资，提供投融资交易的中介服务。

世界各国发展的经验表明，金融是现代经济的核心，是一个国家或地区的重要核心竞争力。金融及金融行业的基本职能是担当社会资源的配置枢纽，服务于实体经济。对于身处其中的金融企业而言，作为金融中介服务机构，其经营过程均具有如下共性：

（1）所涉及的资金融通交易复杂、交易涉及主体多、业务链条长、交易频次高等特点，同时面临着诸如跨境支付周期长、费用高、结算环节效率低下、风险控制代价高以及数据安全隐患大等问题。

（2）信用是金融业及金融企业的立身之本、生命线，这里的信用体现在金融企业本身要有信用、向金融机构融资的企业要有信用。

二、银行商业模式

商业银行传统的经营模式是建立在存、贷、汇业务的基础上，以存款为基本资源，通过发放贷款产生息差，在这个基础上为客户划付资金，提供结算等各种相关的服务并收取佣金，从而形成以利差和佣金收入为主的基本盈利模式。这一过程中的存款、贷款、结算、现金管理、外汇兑换兑付、投行业务、信用卡等各种金融产品和服务，均是为这一盈利模式服务的。就我国的银行业而言，在其发展过程中，更是长期享有"资本垄断、法定利差、客户需求"三大天然优势，这些经营优势形成了国内商业银行的基本经营资源和建立在这些资源基础上的传统银行信用，这也正是国内商业银行生存与发展的基础，即存款、贷款、支付结算功能这三大经营资源和稳定的融资能力及支付能力所构成的预期信用，以及在此基础上产生的以管理信用风险为核心的风险技术。

从业务及收入结构来看，商业银行的主要业务包括资产业务、负债业务、中间业务，并在此基础上形成了其独特的经营模式——资金池。具体而言，银行把各种渠道吸收来的存款资金放入资金池中，再从池中取出资金作为贷款贷给客户，管理好池子里的资金盈余即可。由于所有的资金都合在一起，因此每一笔存款和贷款间并不存在一一对应的关系，这就形成了所谓的错配。比如，储户大多对流动性有一定要求，因而存款期限相对较短；而贷款大多用于生产性领域，因而期限较长。银行在其中借短贷长，就产生了期限错配。一般而言，长期贷款的管理成本低于短期贷款，且利率相对较高，这是银行的售价；而活期或短期定期存款的利率低于长期定期存款，这是银行的进货价。因此作为经营主体的银行有动力去进行错配，以赚取尽可能高的利差（售价和进货价之差），得到利息收入，这也是银行最主要的收入来源。"资金池"模式在带来息差收入的同时，也隐藏着各类风险，尤其是流动性风险和信用风险。比如，存、贷款的流量可能很大，但如果沉淀在资金池内的存量过少，而同时要求取款的储户又太多时，银行就面临流动性风险；银行贷出资金的企业因经营不善等原因而破产，贷款无法收回从而造成损失，就形成了信用风险。

随着信息技术的发展、社会经济动能的转换和投资者需求的日趋多样性，商业银行的经营资源除了传统的存款、贷款和支付结算，还包括客户、数据、渠道、智力四大新的经营资源，以及在此基础上，以满足客户多样化需求和安全便利的服务预期为信用价值的新的银行信用以及风险管理技术。因此，从这个意义上讲，传统银行的自身信用主要是指资金供应预期，而未来银行的自身信用则更多的是指满足客户各种需求的综合能力的预期。

三、证券公司商业模式

作为一种有别于商业银行和保险公司，主要活动于资本市场，并为投资者和筹资者提供中介服务的专业金融机构，证券公司是证券和股份公司制度发展到特定阶段的产物，是市场经济机制中金融资源配置的有效组织者，其存在的价值就在于传播信息，以减少信息不对称所引发的投融资风险，从而降低证券市场参与者的交易费用。

信息不对称直接引发的问题就是"不确定性"带来的"风险"，从这个意义上来讲，证券公司的价值在于承担风险和管理风险，这也是证券公司的经营本质。证券公司的基本功能就是创造能够促进市场流动性并能够规避风险、创造收益的金融工具，为证券发行人和投资者提供专业、优质的中介服务，这也是证券公司的经济与社会功能所在。证券公司的业务范围主要包括证券承销、证券经纪、证券自营投资、资产管理等传统基础业务，见表7-1，以及逐渐发展起来的并购咨询、资产证券化、直接投资、衍生工具交易及相关衍生业务。上述业务开展过程中所面临的风险除了法律风险和系统风险以外，还包括市场风险、流动性风险、信用风险、操作风险四大风险。

表 7-1　证券公司传统基础业务

业务类型	业务模式
证券承销	证券公司通过在一级市场上承销股权和债权为企业融资提供证券承销发行服务的业务，该业务中证券公司按照证券发行募集资金规模的一定比例收取手续费
证券经纪	又称为"代理买卖证券业务"，是指证券公司接受客户委托代客户买卖有价证券的业务，该业务中证券公司按照交易金额的一定比例收取手续费佣金
证券自营	是指证券公司以自己的名义，以自有资金或者依法筹集的资金，为本公司买卖依法公开的股票、债券、权证、证券投资基金及被认可的其他证券，以获取盈利的行为
资产管理	是指证券公司作为资产管理人，根据有关法律、法规和与投资者签订的资产管理合同，按照资产管理合同约定的方式、条件、要求和限制，为投资者提供证券及其他金融产品的投资管理服务，以实现资产收益最大化的行为

就我国而言，20 世纪 80 年代初期，国债恢复发行，一批中小企业尝试通过企业债和股票的方式从社会筹集资金，进而催生了国内资本市场和证券行业的发展。1987 年 9 月，中国第一家证券公司——深圳经济特区证券公司成立至今，证券公司的业务体系日趋完善，证券行业及证券公司逐步发展壮大。中国证券业协会披露的数据显示，截至 2020 年末，证券行业 138 家证券公司总资产 8.90 万亿元、净资产 2.31 万亿元、净资本 1.82 万亿元，2020 年行业实现营业收入 4484.79 亿元、净利润 1575.34 亿元。近年来，证券行业及证券公司的经营呈现如下特点：

（1）业务结构稳定，多元化发展格局初步形成，其中证券经纪、证券自营投资仍是两大主要业务收入来源。

（2）随着国内资本市场对外开放的提速和证券业务牌照的放开，外资证券公司加快布局中国市场，进而直接影响到国内证券业的竞争格局和证券公司现有的经营模式。

（3）以金融科技为支撑的数字化转型全面加速，证券公司围绕发行人融资服务和投资者理财服务业务的线上化、移动化、场景化、智能化及在此基础上的数字化探索已在部分证券公司中展开。

与此同时，证券公司的收入强周期波动性、同质化服务突出、针对融资企业的信用风险防范不足等问题依旧存在，而信用风险对证券公司资产质量和利润的影响也更为突出。中国证券业协会的相关报告显示，证券公司由于2018年以来股票质押业务市场风险和债券市场波动而导致的信用减值损失在2020年高达320.38亿元，同比增长89.18%。因此，以管理信用风险及与之相关的流动性风险、操作风险为核心的风险技术正在成为证券公司的核心竞争力。

四、保险公司商业模式

保险是指投保人根据合同约定，向保险人（即保险公司）支付保险费，保险人对于合同约定的可能发生的事故因其发生所造成的财产损失承担赔偿保险金责任，或者被保险人死亡、伤残、疾病或达到合同约定的年龄、期限等条件时，承担给付保险金责任的商业行为。保险公司主要是将保险资金投资一些银行同业存款、基金、债券、非标产品以及信用等级高的项目股权和债权等，以获取投资收益用于支付可能发生事故导致的保险金补偿。因此，保险的本质是风险交易，具有经济补偿、资金融通和社会管理功能。现实中通过保险实现风险转移和分散的事例涵盖社会经济运行的方方面面，具有天然服务实体经济的本质属性。

保险公司的收入来源是投保人的保费，其利润＝保费+投资收益−出险成本−保险公司费用，即保险公司是利用保费收入和赔付的差额（与投保人约定可能发生事故的实际发生概率直接相关），以及收支之间时间差带来的投资收益来实现利润。在保险公司的这一商业模式中，投保人在支付保费后所获得的是一个以保险合同形式确认且与投保标的相关的保险产品，实际上是对投保标的的风险的把控和补偿，所以它更依赖于保险公司基于对投保人及投保标的若干数据进行分析基础上的风险分析和测算能力。

随着科技能力的提升和保险产品创新需求的深入，数据对保险业及保险公司的发展越来越重要，成为保险实现普惠的核心资源和必要支撑。而这些数据分散在各家保险机构、各家互联网展业平台，甚至可能延展到物联网的各类设备和终端。因此，一方面，目前保险行业及保险公司面临迫切的内外部数据信息整合和共享需求，尤其体现在以下几方面：首先，对巨灾险、航运险、农业险等理赔金额较大、损失发生较为集中的保险产品，通过共保和再保模式分散风险时，需要更高效透明的信息交互方式；其次，保险业作为一个对信用及风险高度敏感的行业，实现机构间风险数据及信用数据分享的需求非常强烈，但必须首先解决商业信息安全问题；最后，与医疗、健康、汽车等行业实现信息链接可以大幅提升保险产品定价的准确性，增强保险产品的服务能力。对此类信息连接，解决数据传播的透明度及信息隐私保护问题是关键。另一方面，目前保险业面临数据信息整合成本高而无法规模化商用，以及数据泄露等安全问题，这些都极大地阻碍了保险业服务实体经济和防控风险功能的发挥。

第二节　区块链技术在金融行业中的应用

　　金融行业是区块链技术的第一个应用领域，利用区块链技术能很好地解决支付、资产管理、证券等多个痛点。不仅如此，由于区块链技术所拥有的高可靠性、简化流程、交易可追踪、节约成本、减少错误以及改善数据质量等特质，使得其具备重构金融业基础架构的潜力。金融行业历来对技术进步最为敏感，继互联网金融之后，金融科技（Financial Technology，FinTech）近两年发展迅猛，而区块链技术则是下一代金融科技的核心技术之一。

一、区块链技术在金融领域中的应用价值

　　如前所述，金融的本质是资金融通，信用则是金融业及金融机构的生命线。而在实践中，通过法律、合约、道德等来构建的信用关系并不牢固，违背合约进而导致金融机构面临巨大风险的案例时常发生。即使是金融科技快速发展的当下，无论是银行、证券还是保险机构，在经营与创新发展中仍然面临交易信用评估成本高、数据安全、客户信息共享与隐私安全等根本性问题，从而也衍生出如下3个主要痛点：

　　（1）资产与交易信息真实性验证困难，导致信用评估成本高昂。

（2）跨机构金融交易业务流程复杂、周期长，导致效率低下。

（3）伴随着金融服务线上化、平台化而出现的互联网金融跨界经营发展，给传统中心化风险管理和监管模式带来挑战。

区块链技术具有保证数据唯一性和所有权不可篡改等特点，使其可以作为金融行业参与方之间的信息共享平台，明显降低了各方达成信任的沟通成本，提高信用在各相关主体之间高效流转。同时，区块链的智能合约，能够实现业务自动化，适合电子支付、交易后清算、监管风控等高频重复业务。总体而言，区块链技术在金融领域的应用价值主要体现在信任强化、跨机构合作、数据共享新模式、业务流程重塑四个方面，如表7-2所示。一方面，区块链技术为金融机构提供了其开展业务所必需的"信任基础"由线下高成本到线上低成本的转移方案，在降低信用成本的同时，区块链多方共享的特性也强化了参与方之间的连接与协作，提升价值交换效率；另一方面，区块链技术也为依托于信用的广泛金融领域业务场景提供了创新的基础，使金融机构基于跨行业融合的商业模式创新成为可能。因此，"区块链+金融"的管理创新，是利用区块链信任提升的特性简化业务流程、节约人力物力成本，对金融业务进行赋能与增效；并且，区块链上储存的记录具有透明性、可追踪性、难以篡改的特征，也能够更好地满足金融监管审计要求。

表7-2　区块链技术在金融领域的应用价值

应用价值	主要内容
信任强化	区块链信息溯源能力使业务中交易信息、资金来源、资产信息等数据都可追溯、清晰透明，在融资服务、资产抵押等业务场景中，达到降低金融业务的风控成本、为监管提供真实数据依托的目标
跨机构合作	区块链防篡改特性保证了从区块链中获取的数据的有效性和真实性，在跨机构的业务场景中降低了传统业务依赖中介的信用成本；在抵押、融资等涉及数字资产的业务场景中也能提供真实性的保障
数据共享新模式	区块链分布式记账的模式保证数据对所有参与方都是可见并一致的，实现了数据多方共享的特性，交易被确认的过程就是清算、交收和审计的过程，提高了支付、交易、结算效率，节约了参与交易各方信息不对称导致的额外费用支出，如数据传输、结算对账、人工核实等；同时，有利于监管部门通过直接共享交易账本的方式，实现对目标数据的实时或准实时获取，从而简化监管流程，降低监管成本

续表

应用价值	主要内容
业务流程重塑	区块链智能合约在架构方面为数据提供统一的入口，保证了在区块链中业务执行的独立性，为金融机构的资金融通业务和数据提供了可信赖的执行和处理环境；并且，业务场景中的合同合约可以解析成程序可执行的约束或条件，在达到约束或满足条件的情况下自动智能执行，从而提高金融机构的数据处理效率与准确度，提升其客户营销服务的精准度

为了加快区块链在金融行业的布局，全球科技公司、金融公司和咨询公司往往以组建区块链联盟的方式，合作探索区块链技术及应用场景，与之相关的应用涵盖了供应链金融、贸易金融、资金管理、支付清算、数字资产等业务方向，而带有金融创新意义的场景则主要集中在数字货币和支付领域。据赛迪网统计，2019 年我国的金融区块链应用落地项目达到 96 个，是同期区块链应用落地项目中占比最高的领域，占比达 29%。据国家互联网信息办公室"境内区块链信息服务备案"显示，截至 2019 年底，国内已备案的提供区块链信息服务的公司约 420 家，共计 506 项服务。其中提供基于区块链的金融服务的企业有 72 家，占比 17%，共备案 120 项金融服务。IDC 发布的《全球半年度区块链支出指南》（2018）也显示，预计中国区块链市场支出规模在 2017～2022 年的复合增长率将达到 83.9%，其中第一大支出方向便是金融。上述几组数据从一个侧面反映了较之其他行业，金融业对于区块链技术的应用更为深入。

二、区块链技术在银行业中的应用

区块链技术作为分布式数据存储、点对点传输、共识机制、加密算法等核心基础技术的集成创新应用，与银行业有着天然的适配性。目前，全球银行业对区块链发展和应用的关注持续升温。从国际视野来看，各国银行陆续在银行清结算、供应链金融、跨境金融、金融风控等业务开展了区块链技术的生产应用，以期提升传统商业银行业务的工作效率，降低业务处理风险；从国内视野来看，在政策利好与行业推动双管齐下的背景下，各大国有银行、股份制银行和部分城商行对区块链技术的关注和投入正呈现爆发式增长的态势。2020 年 2 月，由中国人民银行数字货币研究所牵头，中国人民银行科技司、中国工商银行、中国农业银行、中国银行、中国建设银行、国家开发银行等单位共同起草的《金融分布式账本技术安全规范》（JR/T 0184—2020）正式发布，标志着银行业正引导区块链技术发展与应用走向规范。银行业区块链应用主要集中在支付清算、供应链金融、信用保险、跨境贸易等场景。

1. 支付清算场景，提升业务处理效率

随着跨境贸易活动的快速发展，跨境支付规模日益扩大，传统的跨境支付存在大量中心化的信用中介和信息中介，面临流程长、效率慢的挑战，特别是记账过程是交易双方分别进行，由于信息不对称，通常需要耗费大量人力物力完成跨多个机构对账，容易出现对账不一致的情况，不仅降低资金流动效率，还增加了资金往来成本。相关研究表明，跨境支付的主要成本来自代理银行账户的流动性成本（34%，这些资金可以用于收益更高的地方）、司库操作（27%）、外汇操作（15%）和合规（13%）。

通过利用区块链的分布式账本技术，建立多主体之间的可信账本，可以解决金融机构之间的互信问题。在满足各地监管要求的前提下，通过区块链上的智能合约进行自动清结算，实现几乎是不间断的实时跨境支付服务，减少支付流程中大量人工对账操作，既大大缩短了清算结算时间，也大幅降低了交易成本。同时，多方验证可以有效降低数据被篡改或伪造的风险，即使一个或几个节点遭受攻击也不会影响系统的运转，从而提升跨境支付系统的安全性。简而言之，基于区块链技术打造的跨机构支付清算平台，可以在交易双方之间直接共享交易数据流，简化对账处理流程，理论上可以大幅压缩 90%~95% 的成本。

2. 供应链金融场景，通过信息共享助力普惠金融

供应链金融是指将供应链上的核心企业以及与其相关的上下游企业看作一个整体，以核心企业为依托、以真实贸易为前提，运用自偿性贸易融资的方式，对供应链上下游企业提供的信贷服务等综合性金融产品和服务。

但是，传统模式下的供应链金融存在如下问题：

（1）核心企业信用只能传递至一级供应商，使得上游的多级供应商难以直接获取核心企业的信用背书。此外，供应链上游的中小微企业单凭自身条件往往难以满足银行信贷融资标准，也难以获得银行的融资支持。

（2）为了明确没有直接合同关系的间接供应关系，银行需要投入大量额外的成本来校验相关信息的真实性，导致其风控成本高，业务范围拓展受到限制。

（3）供应链生态中的信息流、物流、资金流不能有效打通，导致信任传导困难、流程手续繁杂、增信成本高昂。

区块链难以篡改与分布式的特性，可以将业务流程中供应链的信息流、物流和资金流数据与融资数据上链，提高数据可信度，解决信息割裂的痛点。区块链难篡改、可溯源的特性可将核心企业的信用（票据、授信额度或应付款项确权）转化为数字凭证，使信用可沿供应链条有效传导，降低合作成本，实现信用打通。区块链的智能合约可以实现数字凭证的多级拆分和流转，从而提高资金的利用率，降低银行的风控难度，解决中小企业融资难、融资成本高等问题。

　　因此，区块链技术可以实现供应链金融体系的信用渗透，使得接入区块链网络的各级供应商、经销商、物流企业、银行、征信机构等相关主体，通过将应收等资产的确认、流转、融资、清分等流程上链后，可以使用共享账本对核心企业相关交易进行多级追溯，实现清晰的资产确权，同时实现资金的多级分配和流转，有效解决供应链末端企业"融资难"难题。资金方也能够清晰获知各相关企业的风险与经营状况的真实信息，降低贷款不良率，减少调查成本，如图 7-1 所示。

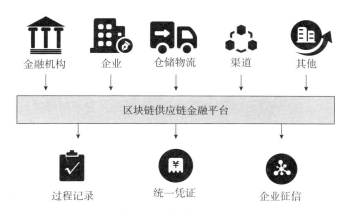

图 7-1　基于区块链的供应链金融平台

三、区块链技术在证券业中的应用

　　从理论上看，区块链分布式账本技术（Distributed Ledger Technology，DLT）在证券业的应用范围可以涵盖证券交易前、中、后三个环节，包括主数据管理、证券等资产的发行服务、资产交易、交易确认、复杂资产记录和匹配、净额清算、担保品管理、结算等业务环节。从实践来看，国外证券业对于区块链技术应用实践的探索更为深入。以美国为例，DLT 在实践中的应用主要包括股票的发行上市、公司债的发行交易、债券回购的清算结算、衍生品的交易和清算以及客户管理、未上市公司的股权登记等。而国内证券行业对于区块链技术应用仍在技术跟踪和初步探索阶段。根据相关文献披露，截至 2020 年末，证券业总共申请的区块链专利只有 6 件，实践中的应用场景主要集中在资产证券化业务领域。

资产证券化（Asset-Backed Securities，ABS）是将缺乏流动性但具有可预期收入的资产，以其未来所产生的现金流为偿付支持，通过结构化设计进行信用增级，在资本市场上发行证券予以出售，以获取融资，最大化提高资产的流动性。

实际操作中，资产证券化产品具有参与主体多、交易结构复杂、操作环节多、数据传递链条长、后续管理事项多等特征，传统的业务模式在业务流程和数据处理上存在诸多局限性，难以保障基础资产信息的真实、透明、及时、流通。其中的业务痛点主要体现在以下几方面：

（1）由于资产证券化底层资产多样性和业务差异性等原因，导致其资产管理流程标准化程度不高，很难实现批量监管。

（2）即使是单笔 ABS 业务，其资产量也基本都在 10 亿元规模以上，这导致底层资产形成的数据规模往往也较大，且呈现方式无法系统化，变更轨迹难以追溯。

（3）在 C 端业务（如消费信贷）中，底层资产形成 ABS 过程中，由于监管涉及多方，流程复杂冗长，如果运用传统技术来建设系统，因为多方系统协作困难，业务、技术规则不一致，难以将业务流程完整标准化高效执行，更无法满足海量记录存续期等业务监管。

（4）增信作为资产证券化的一个重要环节，无论是内部增信方式（包括结构化分优先劣后级、超额抵押和剩余账户），还是外部增信方式（包括第三方担保和原始权益人担保），所获取的信息都非常有限，难免存在资产方定价权弱、信息不够透明、系统性风险高等诸多问题。

利用区块链技术，可以将资产方、发行方、评级机构、交易中心链接到同一个链上，由于其可信机制以及智能合约自动执行特性，可以改进 ABS 领域的底层资产放量监管机制，实现资产多级追溯和穿透式监管。引入区块链后，资产证券化业务在效率、成本、信任、监控四个方面得到优化：

（1）效率方面。区块链分布式账本技术在各交易方之间达成业务信息共识，流程清晰化，提高各交易方之间的协同效率。

（2）成本方面。区块链分布式账本提供完整可触摸数据，打破"数据孤岛"。对融资方而言，有助于降低操作及合规成本；对投资方而言，动态实时的信息验证渠道能提升投资者信心，减少沟通成本。

（3）信任建立方面。在资产包形成阶段，通过对信贷历史表现、资产违约情况、多头借贷等数据进行分析，精细化地对每笔资产进行风险评分，实时更新上链，达到优化资产增信效果。对资产穿透式的管理，可有效解决信息不对称问题，不可篡改、可溯源的技术特点，大大降低信用风险、定价风险。

（4）监控方面。穿透资产信息同样有利于底层资产等相关的监管穿透、实时监控，降低管理难度。

简而言之，利用区块链可以将资产证券化（ABS）业务流程化、电子化、标准化，使得市场上众多的资产证券化项目能够透明清晰地呈现，从而迅速对接资产或资金，降低资产证券化操作门槛，有效控制运作成本。区块链应用于ABS的解决方案如图7-2所示，在该解决方案中，基于囊括所有参与方的联盟链，将各参与方接入共识节点，赋予数据权限，其中的区块链平台覆盖了整个资产证券化的六个阶段：从前期的资产池数据、风险评级，到发行准备期的产品设计发行，再到发行中的投资人注册登记环节的链上数据获取与上传，最终到后期对基础资产的现金流进行全面的实时动态监控。

四、区块链技术在保险业中的应用

区块链技术的可追溯特性，可以让保险服务流程更透明；区块链的安全能力，可以很好地解决数据传播中的隐私保护及商业信息安全问题；区块链的共识机制，则从源头上进一步保障了交易的可信度；而区块链的智能合约，有助于提升保险行业的效率。正是由于区块链的上述特性，它可以在很大程度上帮助保险业实现行业内、行业间以及用户间大量分散节点的信息分享和连接，从而大大加速保险创新的空间和速度。据不完全统计，目前全球正在进行的区块链应用场景探索中有20%以上涉及保险。

1. 区块链技术在客户身份验证中的应用

客户身份验证（KnowYour Customer，KYC）是全球企业组织广泛采用的主

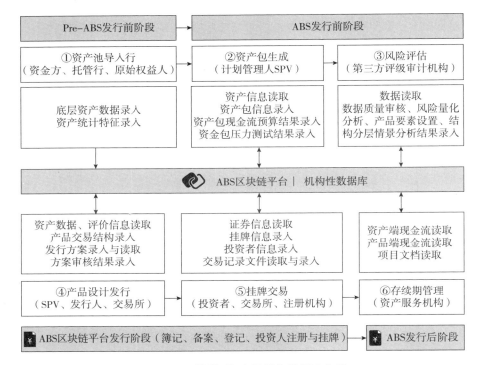

图7-2 区块链+资产证券化的解决方案

资料来源：https://zhuanlan.zhihu.com/p/53254156。

要身份证明的流程之一，是指客户开立账户之前了解客户。有了KYC，客户可以在需要的时候授予保险公司访问身份数据的权限，并且一旦验证了KYC配置文件，客户就可以避免重复的身份验证程序，在其他公司需要的时候，将验证的身份数据转发即可，省去各信息需求方再次验证的时间和成本。

保险公司和监管机构均加入到区块链网络，成为区块链网络中一个独立节点。区块链利用去中心化特性，将保险公司采集和认证用户的KYC信息分布存储到各个节点中，可以确保KYC信息从采集到每次变更的可追溯和可验证，并有机构的签名确认。当保险公司发起保险业务时，也需要区块链实时同步到监管机构节点，监管机构可以对业务属性进行事中监管或者事后监管。在一定的访问权限的控制下，存储在区块链网络中的KYC认证信息可被联盟链上的节点使用。同时，因为区块链技术的网络具有容错机制，可确保网络节点安全稳定，保证KYC信息安全存储，且无单一节点故障，如图7-3所示。因此，基于区块链的客户信息数字化管理，可以简化用户的投保流程，提高保险机构风控能力。

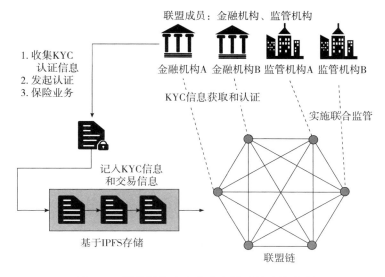

图7-3　区块链技术在客户身份验证中的应用

资料来源：http：//www.duozhishidai.com/portal.php? mod＝view&aid＝82003。

2. 区块链技术在再保和互保中的应用

再保险，也称分保，是保险人在原保险合同基础上，通过签订分保合同，将其所承保的部分风险和责任向其他保险人进行保险的行为，即"保险的保险"。在再保业务交易撮合及结算时，区块链可以增强交易及结算的效率和透明度，由于数据被记录和储存在不可篡改的账本上并实现共享，再保险机构不需要等待原保险机构为每一次理赔提供数据，这不仅可以大幅度提升处理理赔的效率，还可以进一步优化投保人的投保体验。普华永道研究结果表明，再保险业采用区块链技术可以将大部分业务流程自动化，减少人为错误，节省劳动成本，为再保险业节省15%~20%运营费用。同时，区块链应用到再保险当中还有利于再保险机构对资金和承保进行更加科学合理的配置，从而使整个保险业的稳定性得到很大程度的提升。

互助保险又叫相互保险，是指由一些对同一危险有某种保障要求的人所组成的组织，以互相帮助为目的，通过订立风险发生情况下的补偿规则实现互助组织成员之间的风险分担，实行"共享收益，共摊风险"的保险形式。组织成员交纳保费形成基金，发生灾害损失时用这笔基金来弥补灾害损失。不同于传统保险的中心化模式，互助保险的每个参与者都是承保人，实现了保险人和被保险人的身份合一，减少了保险公司的中介费用，保费得到节约。但由于信任风险的存在，缺乏一个可操作的信任体系，互助保险维持信任需要花费较大成本，互助保险越来越向商业保险转变。互助保险的核心就在于互助会员与互助保险机构的信任问题，而区块链技术构成了一个信息对称、透明、不可篡改的信任网络，因此通过区块链技术，互助保险能够建立信息安全和参与者之间的互信体系，并通过智能合约实现民主决策和组织规则准确无误的执行，最终实现组织结构扁平化，降低运营成本和互助保障成本，真正形成一个"人人为我，我为人人"的保险互助形式。

3. 区块链技术在理赔自动执行业务中的应用

智能合约是区块链的核心技术和应用之一，它通过将条款和条件编成代码，当获得特定指令时，它们将会自动触发并强制执行。利用区块链技术的智能合约来自动执行业务流，可以在数据分散于多点的情况下，当某一条件触发时按照既定规则完成保险的契约，如航延险、失业保险等。同时，智能合约的应用将简化保单理赔处理流程，提高效率、降低成本，有效防止保险欺诈事件的发生。利用智能合约，在售前环节采集标准化的客户信息，采集的信息自动写入智能合约；在售后环节（理赔），当客观因素触发合约，合约根据设定的条件支付理赔款项，完成整个流程。因为去除了中间环节（销售、解释、核保、出具保单、理赔资料采集等），所以降低了运营成本，提升了理赔效率。通过开发和部署智能合约用于存储及管理电子保单，同时通过结合人工智能实现自动理赔，提高了保险的安全性，并提升了用户体验。同时，智能合约还能够防止保单被篡改，避免违规交易。

例如，众安信息技术服务有限公司发布的基于区块链技术和人工智能的"安链云"电子保单存储系统，通过区块链技术保证了电子保单的安全性，并扩宽了电子保单的应用范围。保单信息实现去中心化的储存，使电子保单更具安全性。在投保人投保的保险事件发生后，智能合约能够自动进行理赔，保险服务更便捷、高效。

第三节　"区块链+金融"企业管理创新案例

案例一　微众银行区块链贷款结算平台

根据媒体及相关文献研究，截至目前，部分金融机构积极探索将区块链技术应用于金融机构间的对账业务和跨境汇款服务，并取得了良好的效果，典型的实践案例包括瑞波币（Ripple）、IBM全球跨境支付系统WorldWire、摩根大通（J. P. Morgan）银行间支付网络IIN及微众银行的贷款结算平台等。

微众银行是国内知名的互联网银行，区别于四大商业银行，微众银行没有物理网点，通过各互联网数字技术在线完成各类金融业务。微众银行的业务模式与别家不同，它通过与其他银行联合放贷的形式来经营业务，因此，微众银行80%的资金来自于其他银行。在这种模式下，微众银行与其他银行之间的资金结算就显得尤为重要。由于这样的"刚需"存在，微众银行希望借助于区块链技术来完成银行间的贷款结算。

2017年9月，微众银行联合华瑞银行，基于区块链底层技术开源平台（BCOS）推出了国内首个在生产环境中运行的银行间的联盟链区块链应用场景——微粒贷联合贷款业务的结算以及清算业务平台。随后，洛阳银行、长沙银行也相继接入该平台。

BCOS通过将业务资金信息和交易信息等上链存储，与合作行建立起公开透明的信任机制，优化了微众银行与合作行的对账流程。相关合作行不需要将所有信息写入，只需要将部分信息写入相应的区块链中，而微众银行则提供一个统一标准的操作视图和对账服务，以及一个标准化的交互接口，这三个统一的标准都是基于区块链技术的。在这样的情况下，如果合作银行需要了解信贷详情或者资金的交易情况，或者需要对交易中的风险进行监控，只需要通过这些标准化的数据就能够迅速、高效、全面地了解信息。

在传统的业务交易模式中，合作的两家银行分别将交易数据记录在自己的账本，等交易完成后再进行对账，过程既繁杂又浪费时间。这套系统让交易双方拥有了一个统一的账本，免除依赖日终对账文件进行清算对账的繁重工作。

而且一切操作都标准化后，能够降低人为介入造成的错漏，保证数据的准确、真实，有利于银行控制风险，确保贷款结算的安全、及时和高效。

另外，在传统的工作模式中，清算需要在特定的时间段进行，这就造成了效率的低下。这套系统基于区块链分布式账本技术（DLT）、共识协议管理、数据不可篡改、可追溯等特性，点对点之间可以直接交易，让支付与清算同时进行，这极大地节省了时间，提高了清算效率，同时还节省了人力成本和时间成本。

同时，考虑到隐私保护与监管合规，该平台与原有银行核心系统在逻辑层和物理层上完全独立、互不影响，业务数据脱敏之后才会发送到区块链系统上，所有业务数据的传输、存储也均采用加密方式，严格遵循银行业信息技术的强监管与高安全度要求，确保数据全程安全运行和实时对账。

微众银行区块链贷款结算平台如图7-4所示。

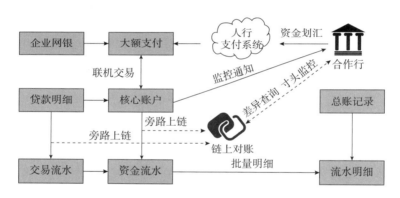

图7-4　微众银行区块链贷款结算平台

资料来源：https://zhuanlan.zhihu.com/p/111747144。

案例二　腾讯联合华夏银行开发供应链金融平台

2017年12月19日，腾讯、华夏银行、广东有贝联合推出供应链金融服务平台星贝云链。星贝云链以腾讯区块链技术为底层平台，与此同时，华夏银行对"星贝云链"提供了百亿级别的授信额度。它是国内首家与银行战略合作共建的基于区块链技术的供应链金融平台，也是国内首个基于大健康产业构建的供应链金融平台。

广东有贝、腾讯、华夏银行，三方集结各自的优势资源打通了供应链金融技术端、财富端、资产端和依托平台的应用场景。其中，腾讯区块链为星贝云链提供了当下最火爆的区块链技术，通过腾讯区块链的共享账本和智能合约技术，保证了资金流向可溯源、信息公开透明、信息多方共享，建立了一个效率更高、效果更好的供应链金融流通体系。在大数据交易信用场景下，区块链在供应链交易场景中扮演资产确权、交易确认、记账、对账和清算的角色，同时，区块链技术的防篡改能力能有效规避作弊风险。华夏银行为星贝云链提供了授信服务，而且授信额度已经达到百亿级别。华夏银行充分发挥其专项功能（主要包括账户管理、支付等）的经验优势，并与广东有贝携手探索供应链金融创新的方向，帮助其将金融资源更好地配置于有前景的产业。有了腾讯、广东有贝、华夏银行这三方的合力，星贝云链可以拥有非常多的功能，服务涉及的范围也非常广阔。以上游应收账款融资为例：通过星贝云链，上游供应商将应收账款转让给资金方，资金方则需要仔细检查交易的真实性。在区块链的助力下，星贝云链抓取了很多非常重要的数据，例如第三方物流仓储数据、核心企业ERP直接生成的数据等。因为区块链具有不可篡改、时间戳等特性，所以当资金方有需要的时候，相关资料和数据都可以被追根溯源和进一步检验，从而缩短对融资款项进行审批的时间。在区块链的基础上，星贝云链与参与交易的各方（例如，核心企业、资金方、一级供应商、多级供应商等）共同进行数字化管理。因此，应收账款可以顺利地继续向下流通，而且每一级都可以做到信息数据穿透。

星贝云链为供应商和资金方带去了很多便利，其自身也有着非常远大的目标："在供应链信用价值链重构的基础上，星贝云链希望能实现供应链金融全流程线上化、智慧化，高效打通金融和产业的壁垒。"目前，星贝云链能提供多样的融资模式，既有基于供应链"物"流动性形成的物权质押、仓单质押融资模式，也有基于供应链信用势能和稳定性形成的订单质押、保兑仓等多种信用融资模式。未来结合产业发展，星贝云链还将开发更多的供应链金融产品。

案例三　百度区块链 ABS 应用

2017 年 8 月 17 日，由百度金融发布的"百度—长安新生—天风 2017 年第一期资产支持专项计划"获上交所批准通过，这是国内首单基于区块链技术的资产证券化产品。佰仟融资租赁以汽车消费信贷债权设立集合信托计划，发行规模达 4 亿元，底层资产为汽车贷款。产品分为优先 A 级（85% AAA 评级）、优先 B 级（6% AA 评级）和次级三档，私募发。百度金融服务事业群组（现"度小满"）与佰仟融资租赁分别作为优先级（AB）与劣后级认购。

在本单 ABS 中，引入区块链技术作为底层数据存储和引证技术，受限于不可能三角理论，项目选择同时兼顾弱中心化特点与处理效率的联盟链，各参与机构（百度金融、资产生成方、信托、券商、评级、律所等）作为联盟链上的参与节点。

百度金融作为项目技术服务商，搭建了区块链服务端 BaaS（区块链即服务），该平台依托于百度 Trust 区块链技术框架，基于此平台可以实现快速搭建区块链网络及应用。百度 BaaS 支持高并发、低延迟的实时区块写入和查询，同时支持多副本复制、多实例部署，并保证数据一致性。同时采用包括非对称加密、数字签名、证书认证、审核、权限控制、隔离、共识机制等在内的技术方案，全面保证数据和通信的安全可靠。

在该项目中，区块链主要使用了去中心化存储、非对称加密、共识算法等技术，具有去中介信任、防篡改和交易可追溯等特性。同时，在有限的金融机构参与节点情况下，对区块链做了适应性改造以保留区块链的技术特性。平台通过百度安全实验室的协议攻击算法，确保了协议和通信安全；通过百度极限事务处理系统，可以支持百万 TPS 的交易规模，极大降低交易成本；通过权限管理及非对称加密保证节点信息安全，同时使用分布式存储方案实现去中心化，并提供一套标准的底层框架，实现各方智能合约的编写。

项目运行过程中，全流程数据上链提高了全生命周期管理能力，实现了底层资产从 Pre-ABS 模式放款到存续期还款、逾期以及交易等全流程数据的实时上链，对现金流进行实时监控和精准预测，提高了对基础资产全生命周期的管理能力。

同时，区块链技术提高了系统效率、安全性、可追溯性，缓解了交易各方对底层资产质量及运营过程数据真实性的信任问题这一行业痛点，给不同参与方带来了不同改变。对于中介机构而言，资产证券化产品尽调环节的尽调置信程度明显提升，尽调效率也得到提高；对于投资者而言，所投资产的透明程度显著增强，而且二级交易的估值和定价也变得有据可依；对于监管机构而言，能够更大程度上满足穿透式审核和监管的要求。

百度 ABS 业务区块链应用模式如图 7-5 所示。

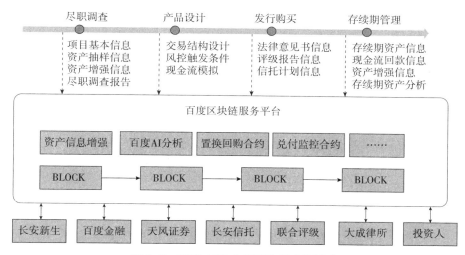

图 7-5 百度 ABS 业务区块链应用模式

资料来源：https：//www.sohu.com/a/168688452_670374。

第八章

区块链技术驱动下的医疗行业管理创新

第一节　医疗行业现状与业务痛点

一、医疗行业发展现状

医疗保障不仅关乎每个社会成员的切身利益，更直接关系到一个国家的可持续发展与综合竞争力。医疗服务体系是一个包含从初级预防、门诊医疗、住院医疗到康复医疗的服务链，其产业链的上游主要包括医疗药品生产研发和医疗器材生产研发；中游包括提供医疗服务的大型医疗机构和小型医疗机构，大型医疗机构主要是指公立医院、大型私立医院、药店连锁机构，小型机构则是指社区医院和私人诊所等；医疗产业链的下游则是患者，如图8-1所示。

在目前的医疗环境下，患者就诊时，医生需要先分析患者的医疗数据，这些医疗数据包括结构化数据和非结构化数据，例如，影像数据、化验结果数据、检查结果、手术记录数据、实时监测数据等。只有通过对这些数据进行深入分析，医生才可以为患者提供最佳治疗方案，然而这一阶段的诊疗过程往往比较漫长，程序也比较复杂。但随着全球人口老龄化的日益严重以及慢性病患病率的不断提高，医疗记录、诊断数据等信息出现了严重不对称的现象，虽然医疗

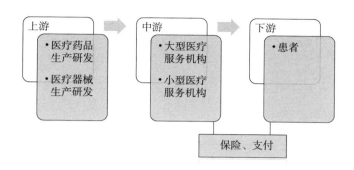

图 8-1　医疗行业产业链

资料来源：https：//www.sohu.com/a/366610409_487355。

数据庞大，但是各个医院的数据不共享，甚至即使同一家医院，不同部门之间的数据也不共享，这就导致了严重的"信息孤岛"问题。并且，这些数据都存储在中心化的服务器中，既无法做到可追溯和不可篡改，也无法保证数据安全。

因此，在信息化、数字化技术浪潮的推动下，医疗行业开启了医疗服务模式的"数字化"转型，国家也相继出台了以数字医疗为目标的政策或战略。在实际操作中，不仅传统医疗机构在推行医疗信息化，制药企业也试图通过部署和使用数字化来节省高昂的研发费用，如雨后春笋般崛起的可穿戴设备制造商也在帮助人们利用数字化实现自我健康管理，种种迹象表明医疗行业已成为率先迈入数字化时代的传统行业之一。早在 2013 年麦肯锡就认为，属于医疗行业的数字化革命即将到来。其中原因在于：首先，从需求角度，医疗行业对数据提出更高的需求；其次，从供给角度，医疗数据爆炸性产生，并与非医疗公众数据聚合；再次，从技术角度，分析技术和工具进步，推动信息共享；最后，从政府角度，各国政府都在积极推动医疗数字化领域创新。因此，根据麦肯锡全球研究院的测算，仅在美国，如果医疗保健行业对数字化进行有效利用，就能把成本降低 8% 左右，从而每年创造出超过 3000 亿美元的产值。

我国政府对医疗行业数字化的发展也提出了要求。2016 年，国务院办公厅印发了《关于促进和规范健康医疗大数据应用发展的指导意见》（以下简称《意见》），部署通过"互联网+健康医疗"探索服务新模式、培育发展新业态，努力建设人民满意的医疗卫生事业，为打造健康中国提供有力支撑。《意见》指出，到 2017 年底，实现国家和省级人口健康信息平台以及全国各级药品招标采购业务应用平台互联互通，基本形成跨部门健康医疗数据资源共享共用格局。

到 2020 年，建成国家医疗卫生信息分级开放应用平台，依托现有资源建成 100 个区域临床医学数据示范中心，基本实现城乡居民拥有规范化的电子健康档案和功能完备的健康卡，适应国情的健康医疗大数据应用发展模式基本建立，健康医疗大数据产业体系初步形成，人民群众得到更多实惠。

二、医疗行业业务痛点

医疗行业可以分为医疗服务和医药商业两大类。目前，国内医疗机构之间数据互不流通的问题依然严重，从而造成数据不能被充分利用，导致医疗工作流程的效率低下，而且个人健康数据的安全性、完整性和访问控制面临挑战，同时在医药商业中也存在医药产品的防伪溯源难题。

1. 数据泄露问题

随着医疗技术的发展，包含患者身份背景、往期病史以及医疗支付情况记录信息的医疗数据正在起着越来越重要的作用，医疗数据已经成为一个人最隐私的数据。但目前的医疗数据系统往往保存在一个中心化的服务器中，由于网络操作错误或者黑客攻击等问题，这些个人隐私数据存在大规模泄露的情况。据报道，2015 年，美国第二大医疗保险公司安森保险（Anthem）被黑客盗取了超过 8000 万名客户和雇员的个人信息。同年，加州大学洛杉矶分校医疗系统遭遇黑客攻击，大约有 450 万份客户医疗数据遭泄露。类似数据泄露事件频频发生，让医疗机构更加不愿意把数据放到网上或者分享利用，数据的价值由此很难发挥出来。而且随着指纹数据应用和基因数据检测手段的普及，越来越多的人担心一旦发生泄露将会导致灾难性的后果。

2. 数据质量问题

由于医生的失误、黑客的攻击，或者部分来源于相同的电子健康病历因为同时编辑而未能够更新，导致医疗健康行业目前面临严重的数据质量问题。不同病例版本之间没有经过核对以及存在各种错误，使医疗记录远没有达到可以被完全信任的地步。

3. 数据分散问题

在医疗领域，每天全国数以万计的患者因看病检查产生了大量的数据信息，而且很多是比较私密的个人信息，需要被妥善保管。但在目前，患者信息基本由各家医院单独保存，或者卫生管理部门统一管理，导致储存的不确定性。当需要使用患者的各种数据时，收集分散在不同数据库中的信息将带来大量时间和金钱成本。更多时候，各数据方出于顾虑导致数据无法进行整合，医疗数据资产的外部性无法被充分发挥，整个产业的效率被大大降低。

第二节　区块链技术在医疗行业中的应用

区块链作为综合了数据保密、信任机制、智能合约、生态激励的新技术，与医疗行业有较高契合度，能为医疗行业提供多环节安全解决方案，同时也能助推医疗行业智能化发展。通过区块链技术，建立互信共享机制，规范医疗行为，提升健康医疗服务效率和质量，推动健康医疗大数据应用新发展；利用匿名性、去中心化等特征保护患者隐私。区块链智能合约在医疗行为的监管中也有着重大价值，在出现非合规事件时，智能合约会自主跟踪合规情况，实时向相关方发送通知，有效去除检查环节，简化执行流程，降低监管成本。

一、区块链技术对传统医疗行业的突破

区块链通过去中心化、全流程可溯源、不可篡改及安全透明等技术特征，改变人们对医疗行业的传统理解，推动医疗健康行业发展，保障信息数据的安全和隐私，保证个人健康数据安全可信共享及流转。区块链在医疗健康行业主要涉及电子健康病例、DNA 钱包、药品溯源防伪等多个应用场景，如图 8-2 所示。

（1）区块链技术通过进行医疗历史数据记录，实现共享数据的防篡改、可追溯特性。区块链具备高冗余性，分布式存储使得每个节点都有备份，杜绝了由于单点故障导致的数据库崩溃情况。区块链技术通过共识机制来共同记录和维护数据，防止某参与者单方面修改或删除数据，保证信息在区块链上的不可篡改性，以此保证了数据的安全性。

（2）区块链技术通过对健康医疗数据跟踪管理和公共卫生事件监管预警，解决卫健监管单位审计数据不真实、难以管理的问题，实现穿透式管理，推动分级诊疗模式建设、智慧医疗建设、疾控体系建设。

（3）区块链技术可以将各机构与患者置于一个受保护的环境中共享敏感信

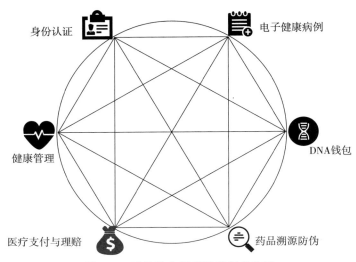

身份认证

电子健康病例

DNA钱包

健康管理

医疗支付与理赔

药品溯源防伪

图 8-2 区块链在医疗健康行业应用

息。区块链通过其密码学技术，在隐私保护层面将医疗数据进行加密处理，使用户信息具有匿名特性。同时，区块链上的智能合约和非对称加密算法可生成访问控制机制，并实现多私钥的复杂权限保管。在有权限限制的区块链上，其他人员必须获得私钥授权才能够查看数据，从而维持数据隐私性。

（4）区块链利用通证激励机制，解决因数据确权不明晰导致的传统参与者信息化意愿低的问题，最终推动医疗健康领域大数据的发展。

（5）区块链通过时间戳技术和链式结构实现数据信息可追溯，解决供应链防伪溯源难题，也可用于监督药物分配、监管合规和管理医疗用品。

（6）区块链通过智能合约实现流程自动化，解决信任问题，降低协作成本和差错率。

区块链技术特征对传统医疗行业的突破如表 8-1 所示。

表 8-1 区块链技术特征对传统医疗行业的突破

区块链特征	说明	对传统医疗行业的突破
去中心化	分布式核算与存储，任意节点的权利和义务都是对等的	区块链通过保存医疗健康数据，患者自己就能控制个人医疗的历史数据，不需要再担心信息泄露或被篡改

续表

区块链特征	说明	对传统医疗行业的突破
公开透明	采用公钥和私钥的设置，除了交易主体的私有信息被加密，所有人都可以通过公开的接口查询区块链数据和开发相关应用，系统信息公开透明	区块链技术将创造一个连接医疗健康产业的新框架，将所有医疗平台的重要数据连接起来，实现实时连接并且即时无缝的信息共享
数据不可篡改性	一旦数据经过验证并添加到区块链，将会被永久存储起来，而且区块链固有的时间戳功能可以记录创建时间	区块链通过保存医疗健康数据，可以增加监管部门的参与程度，确保对受保护的医疗信息的访问控制，确保其真实性和完整性
溯源性	区块链中的每一笔交易都通过密码学方法与相邻两个区块串联，因此可以追溯到任何一笔交易	区块链技术与药品供应链相结合，制药商、批发商以及医院的所有药品信息将在区块链上进行记录，进而最大程度保证病患的用药安全

资料来源：杜均．区块链＋：从全球 50 个案例看区块链的应用与未来［M］．北京：机械工业出版社，2018.

BIS 一份研究报告显示，到 2025 年，全球医疗保健市场在区块链上的支出预计将达到 56.1 亿美元。到 2025 年，区块链技术每年可为医疗行业节省高达 1000 亿~1500 亿美元的数据泄露相关成本、IT 成本、运营成本、支持功能成本和人员成本，并减少欺诈和假冒产品。

二、区块链技术在电子健康病历中的应用

区块链电子健康病历（Electronic Health Record，EHR）是区块链在医疗领域内最主要的应用，区块链电子健康病历就是利用区块链对个人医疗记录进行保存。如果把病历想象成一个账本，它原本是掌握在各个医院手中，患者自己并不掌握，所以患者就没有办法获得自己的医疗记录和历史情况，其他医生无法详尽了解到患者的病史记录。但如果用区块链技术来进行保存，就有了个人医疗的历史数据，无论是就医还是自我健康规划都有历史数据可供使用。并且这个数据真正的掌握者不是某个医院或第三方机构，而是患者自己。

区块链电子健康病历主要在共享历史医疗数据、核实与记录个人病历信息两个方面改善医疗领域。

1. 共享历史医疗数据

在过去，各家医院的患者病历信息是互不连通的，因此，每当患者去一家

新医院看病时，都必须重新录入病历信息，这个过程非常麻烦且低效。如果在重新录入的时候出现差错的话，结果是相当严重的，甚至会威胁到患者的生命。对医疗机构来说，患者的历史医疗数据不齐全也不利于对患者的病情做出最精准的判断。

如果区块链电子健康病历得到普及，那么常见病例以及患者的过往病历都会有非常清晰且明确的记录。更为重要的是，所有医生都可以在经患者允许的情况下，通过区块链查询患者以往的病历记录，在此基础上为其制订最佳诊疗方案，从而提升医疗效率。

2. 核实与记录个人医疗信息

在传统的医疗领域，病历质量问题一直困扰着医院和医生。如果病历质量较差，不仅会降低医生的诊断效率，还会导致误诊，进而危及患者生命。

区块链的去中心化分布式账本能够核实和记录医疗数据信息，极大地方便了医疗领域处理信息数据。区块链系统可以存储每个患者的医疗信息，并且能够保证这些数据的安全性，从而有效避免了不法分子恶意篡改数据信息的行为。如果有不法分子想要篡改数据信息，区块链系统就会自动识别，然后及时提示医生系统中的医疗数据存在问题，医生核实之后，系统会再次核实，最终记录正确的医疗数据信息。

区块链还能够让其他多个组织来访问网络，而不必担心数据的安全性和完整性。病历可以被多方进行创建、共享，并且能够让多方进行追加和更新，这将会提高整个行业的效率和透明度。

基于区块链的电子健康病历数据管理工作流程有七个步骤，如图 8-3 所示。

步骤 1：主要数据是由患者及其医生之间的交互产生的。这些数据包括既往病史、当前问题和其他生理信息。

步骤 2：使用第一步中收集的主要数据为每个患者创建 EHR。从护理，医学影像和药物史中产生的其他医学信息也包含在 EHR 中。

步骤 3：EHR 所有权和自定义访问控制权仅授予此财产的所有者。希望访问此类有价值信息的各方必须将其请求转发给 EHR 所有者，由所有者决定访问权限。

步骤 4、步骤 5 和步骤 6：这三个步骤是整个过程的核心部分，包括数据库、区块链和云存储。数据库和云存储以分布式方式存储记录，而区块链提供了极高的隐私性，以确保真实用户访问。

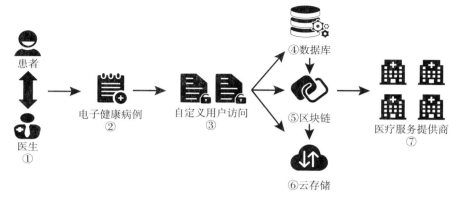

图 8-3　区块链中的医疗数据管理

资料来源：https：//www.mdpi.com/2076-3417/9/9/1736。

步骤 7：如果最终用户希望获得临时诊所、社区护理中心、医院等医疗服务提供商的服务，这些医疗服务提供商将获得所有者的授权，以提供安全无害的护理服务。例如，无论在全球任何地方接受治疗，健康记录都将在手机上可用和访问，并通过诸如区块链之类的分布式账本进行验证，随着时间的推移，医疗保健提供者将不断增加相关记录。

三、区块链技术在 DNA 钱包中的应用

DNA 作为存储和传递遗传基因的基础，其隐私性和安全性至关重要。运用区块链技术可以形成一个 DNA 钱包，而且该 DNA 钱包只能通过私人密钥的方式来获得，从而保证个人基因和医疗数据的安全性与保密性。另外，通过 DNA 钱包，医疗机构也可以更好地对基因和医疗数据进行存储、统计、分享，从而缩短医药企业研制新药物的时间。因此，无论是对于个人，还是医疗机构，或者是医药企业，DNA 钱包都是非常有用的。

DNA 钱包的作用主要体现在区块链储存基因和私钥唯一识别医疗数据两个方面。

1. 区块链储存基因

目前，个人基因排序已经得到了相当程度的普及，但这一过程中的基因安全并没有得到强有力的保障，全球 70 多亿人对安全储存基因的方法有了越来越

强烈的需求。

区块链去中心化、防篡改、匿名性等特性，可以在不泄露患者个人隐私的基础上，为需要基因和医疗数据的各方构建一个区块链系统。研究人员能够以一种更加方便、快捷的方式对基因进行搜索和查询，实现全人类的基因和医疗数据交换与共享，并在基因组大数据的基础上，破译基因密码，推动 DNA 序列测定技术、基因突变技术以及基因扩增技术等一大批新技术的发展。更关键的是，根本不会对 DNA 钱包的隐私性和匿名性造成任何侵犯。同时，医疗机构也可以获取患者的基因和医疗数据，并在此基础上对医疗保健制度进行进一步完善。除此以外，医药企业也可以借助基因和医疗数据带动人造激素、生物医药、人造器官的研发进程，研发出更加有效的药物，从而帮助患者早日恢复健康。

当然，一个人的基因组，它的原始大小是 3GB 左右，拥有的碱基对达到了 30 亿左右，数据量非常大，因此，可以考虑将患者的基因数据记录并储存在区块链的侧链上，交易产生后，基因数据再转移到区块链上。

2. 私钥唯一识别医疗数据

DNA 中存储有遗传基因，通过对 DNA 进行筛选和分析，就可以有效降低某些疾病的死亡率。但是 DNA 筛选涉及隐私问题，由于医疗数据得不到有效保护，通常来讲，任何一位患者都会谨慎考虑是否将自己的医疗数据交给医疗机构、医药企业、医疗保健公司或政府机构。区块链可以有效地解决这个问题，患者不需要对任何机构或者个人产生信任，因为只要是记录和储存在区块链上的医疗数据，就只能通过私人密钥才能识别。如果没有征得患者的同意，任何机构或者个人都无法获取患者真实的医疗数据。

目前，很多公司都在这方面展开了研究，未来在医疗领域，区块链 DNA 钱包可以发挥重大的作用，一方面，可以在很大程度上降低患者的死亡率；另一方面，可以保证每一位患者的 DNA 数据不被篡改和泄露，有效改变医疗现状，为人类造福。

四、区块链技术在药品溯源防伪中的应用

现实中，利益驱使一些商家铤而走险，制造假药来坑害消费者。药品生产和销售信息的不对称导致消费者很难对产品进行溯源，而且即使消费者有药品

溯源的意识，基于现有技术的溯源方式也很不可靠。随着"问题疫苗""假冒止疼药"等社会热点事件不断出现，人们越来越希望可以找到一个能确保药品真实性的解决方案。区块链技术通过智能标签，可以让产地、厂商和消费者形成闭环，建立有效的药品溯源体系，保证整个药品来源去向透明、可追踪，防止单个环节对药品信息的篡改，建立共识信任。

1. 智能标签

区块链和物联网相结合后，每个药品信息就可以通过物联网的方式记录和储存到区块链当中。因为区块链具有不可篡改的特性，可以确保药品信息难以复制、仿制、回收。区块链公共账本和不可修改的特性可以帮助企业建立商品的唯一标识系统，通过在药品外包装上印制或粘贴一个条码、二维码、射频识别（RFID）等来提供实时验证服务，实时监控审核商品身份动态及商品流。同时也提供一个公开透明的数据网络，用一种技术契约的方式来确保数据真实性。

区块链药品追溯可以涵盖药品生产、流通以及使用的各个环节，实现"一物一码、物码同追"，使各个环节提供的数据按照同一个标准去处理和识别，还可以追踪物流轨迹、温度湿度、发票及药品检测报告等内容。

2. 追踪溯源

在区块链系统的追溯体系里，区块链可以给消费者展现完整的过程数据，同时给监管部门提供从任意一个节点往前追溯和往后追溯的权力，以便产品出现问题后能追溯到责任主体。区块链共享可以让每个追溯体系中的关键细节都可在线查询，在降低信息不对称的同时，降低信任风险，从而在生态闭环的环境下，逐步构建基于云平台的医药行业全产业链的价值物联网。

药品供应链、价值链上的所有节点：药品生产商、经营商、第三方物流、药店零售、医院、消费者都可追溯，确保产品从生产开始，在供应链的各个环节逐步建立符合区块链追溯的标准。例如药品生产商可以把生产信息直接写入追溯码中，方便监管人员与消费者直接扫码查找药品源头信息，让药品"来源可查，去向可追，责任可究"。同时，供应链上所有节点都能看到库存，并对药品分布进行审计，那么假药想鱼目混珠进入医疗市场将难如登天。而区块链带来药品行业供应链的高透明度，还将有效降低因暴利诱惑引发的一系列犯罪行为。将区块链技术与药品供应链相结合，最大限度地保证了药品的可追溯性，进而最大限度地保证了病患的用药安全，从根本上改变全球药品安全的现状。

3. 防篡改防伪造

区块链不可篡改、数据可完整追溯以及时间戳的功能，可以有效解决药品溯源伪造问题。假设某药品流通企业试图逃避造假追责，只能删除该假药在自己名下的记录，但区块链系统中其他成员的区块链数据是无法删除的。系统中的所有成员都可从问题药品的药品 ID 信息查询到该问题药品自出厂以后的全部过程，通过分析回顾过程节点的质量数据，就可判别是生产质量问题，还是供应链质量问题。

药品供应链数据通过责任主体"区块"的方式环环相扣，自动验证上下游"区块"药品数据合规性，保证数据真实完整，记录数据变更过程，最终把物流和信息流合二为一。另外，消费者通过扫码即可直接获取药品流向的准确数据，而药品生产企业每年也可以节约百万元的药品流向数据购买费用，为医药企业带来巨大的商业价值。

4. 建立共识信任

区块链利用一套基于共识的数学算法，可以创造信用。分布式结构可使任何一方都不可能拥有数据的所有权，也不可能非法操纵数据。因此，可以通过区块链多方参与来共同维护同一个账本，供应链中的参与方越多，共同维护的数据越大，就越容易给消费者带来更多的数据信任背书。基于区块链的药品信任背书，它可以成为实现药品安全的有效利器，假药将无处可藏，解决药品溯源与流通上的痛点。在追溯体系里，信任是靠管理来背书的，要依靠相关企业的品牌和管理，第三方检测机构的管理，政府的监管等，参与环节越多，信任越可靠。

区块链技术的公开透明可以解决价格问题，相互信任可以解决造假问题，溯源性可以解决药品流通问题。目前致力于药品防伪追溯的企业正在变得越来越多。例如由 Linux 基金会领导的超级账本项目就正在进行相关研究，试图通过区块链技术识别假冒药品，以解决全球假冒药品泛滥的问题。作为超级账本成员的全球专业服务公司埃森哲咨询的代表表示，基于超级账本项目研究的，用于识别假冒药品的区块链项目将会通过不可变更数据来追踪药品，最终不仅会使这个行业变得更加高效，还会增强制药公司的问责能力。

第三节　"区块链+医疗"企业管理创新案例

案例一　阿里健康医联体+区块链试点项目

2017年8月，阿里健康宣布与常州市医联体达成合作，共同推出"医联体+区块链"试点项目，旨在将新兴区块链技术作为底层技术应用于医联体底层技术架构中，实现当地医疗机构之间安全可控的数据互联，用安全有效的方式解决长期困扰医疗机构的信息孤岛问题和数据隐私安全问题。阿里健康"医联体+区块链"项目是区块链在中国医疗场景落地实施的首次应用。

随着区块链技术在各个领域的逐渐普及，其为医疗领域带来的革新更是显而易见。阿里巴巴集团借助其在医疗领域多年的数据与技术积累，将区块链技术应用于医疗行业底层技术架构中，打造区块链医疗信息共享平台，实现医疗机构之间的医疗数据共享，借助区块链不可篡改的特性，打破传统医疗数据的柜式存储与纸质记录。这不仅使患者的健康信息更加透明可信，还解决了医疗机构间数据共享的安全问题，在保护患者医疗数据的同时，也将私人健康数据以更为安全、快捷的方式进行全网共享。

阿里健康的医疗区块链技术，首先在常州郑陆镇卫生院落地，后来又逐步推广到常州市天宁区医联体的所有三级医院和基层医院。这些试点为患者提供了全新的分级诊疗就医体验，并使其可以就近在社区卫生院体检。医院通过对体检报告的筛查分析，找出慢性病高危患者。社区和医院之间将通过区块链实现居民健康信息的流转与授权，实现慢性病的早期发现和全程管理，如图8-4所示。

针对医疗数据在传递过程中，其隐私很难保障的问题，阿里健康在常州的区块链项目中设置了多层数据安全屏障。首先，区块链的加密技术实现了数据存储和流转环节的密文存储、传输，即便数据泄露或者被盗取也无法解密；其次，数字资产协议和数据分级体系明确了各级医疗机构及政府管理部门的访问和操作权限；最后，审计单位利用区块链防篡改、可追溯的技术特性，能够精确监测医疗敏感数据全程的流转情况。

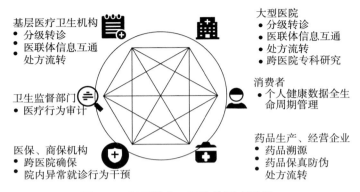

图 8-4　阿里健康—区块链医疗网络

资料来源：https：//www.sohu.com/a/165688911_114877。

阿里健康医疗区块链项目负责人表示：现在很多前沿科技还没有被运用到医疗行业的追踪、诊断和治疗上。利用区块链也许可以在很大程度上改变医疗数据无法连通的现状，阿里健康希望常州试点的星星之火能够给医疗卫生机构带去新的选择，让更多的新技术助力医疗领域。同时，阿里健康认为应该尽可能地建立一个可以连接更多医疗卫生机构的区块链网络，以实现医疗场景中价值信息的安全、便捷、可控流动。

案例二　Healthnautica 区块链电子病历

HealthNautica 是一个医疗记录和服务方案供应商，2000 年成立，总部位于芝加哥。HealthNautica 具有一个可定制化的客户驱动的云软件系统供医生操作和患者办理手续，使医院、医生和患者之间的沟通更为流畅。同时，其开发的 eORders 产品也在很大程度上提升了手术治疗以及程序调度过程，不仅减少了网络延迟的现象，而且还解决了数据丢失的问题。

Factom 是美国著名的区块链公司，专门提供区块链技术服务，利用区块链技术开发各种应用程序，包括审计系统、医疗信息记录、供应链管理、投票系统、财产契据、法律应用以及金融系统等。Factom 维护了一个永不可更改的，基于时间戳记录的区块链数据网络，大大降低了进行独立审计、管理真实记录以及遵守政府监管条例的成本和难度。Factom 将维护区块链数据网络视为自己的使命，帮助政府部门以及商业社会简化数据记录管理和记录商业活动，并解决数据记录安全性和监管性的问题。

2015 年 4 月，HealthNautica 与 Factom 联合发表声明，宣称建立合作，共同研究运用区块链技术保护医疗记录以及追踪账目，为医疗记录公司提供防篡改数据管理。HealthNautica 的客户（包括医院、医生以及患者）希望通过运用 Factom 的不可变更账本来对医疗记录和合约进行验证和时间标记，从而提高效率并确保医疗数据记录的安全性。Factom 的技术首先将私人医疗数据进行加密编码，然后生成一个数据指纹。这种方式可以确保实际医疗数据不会泄露给第三方，保护了患者的隐私。

HealthNautica 发言人表示他们非常愿意将 Factom 的技术运用到医疗健康产业，HealthNautica 开发软件与 Factom 有相同的目的，就是在既保证医疗数据完整性的同时又保护患者隐私数据。对合作研究记录防篡改以及保存和数据追踪，双方都感到十分的兴奋。

HealthNautica 的董事长 Shailesh Bhobe 表示，Factom 的技术特别适合于审计跟踪他们公司保存的客户医疗记录。董事会成员 Andrew Yashchuk 也表示，HealthNautica 的下一步动作是推动保险公司运用区块链技术保存数据，进而各方能够验证合约有效性并提升医疗账单支付效率。

HealthNautica 与 Factom 的合作是区块链技术在医疗健康领域的第一次商业化运作，开启了区块链在医疗数据保护领域的新篇章。

案例三　MediLedger 区块链药品追踪平台

2017 年 9 月，美国基因工程技术公司和辉瑞公司联合推出了 MediLedger 区块链药品追踪项目，并进行试点应用。该项目的主要目标是开发可以对药品供应链进行管理和控制的区块链工具，实现制药商、批发商和医院等药品供应链上的节点都能够在区块链上记录药品运送数据。这也就表示，任何一种药品的所有信息都可以被查证，进而最大限度地保证药品的真实性和可溯源性。另外，在 MediLedger 的帮助下，广大患者不仅可以购买到安全可靠的药品，而且盗窃药品、销售假冒药品等违法行为也可以有大幅度减少。

区块链技术在药品供应链中的另一个优势就是处理速度，当药品运送中断或丢失时，存储在区块链上的数据会在第一时间确定最后接触和处理丢失药品的相关人员。更关键的是，MediLedger 平台符合《药物供应链安全法案》（DSCSA）的相关要求。由于制药商、批发商和医院等都作为区块链上的节点记录药品运送数据，药店和医院可以从全自动及时的真实响应中受益，而无须手动处理涉及的电话和电子邮件，药商也能够安全地请求并响应药品的验证请求。区块链网络在药品运送过程中的每个步骤都能证明药品的原产地和真实性，使得药品盗窃和以假换真变得异常困难，同时也只有被授权的公司能够将产品收录进产品目录中。

　　MediLedger 项目已经得到了国际供应链咨询组织 LinkLab 的支持，并且开始使用摩根大通（J. P. Morgan）的企业级区块链平台 Quorum 来开发其区块链医疗应用软件。

　　综上所述，通过基因泰克的 MediLedger 区块链平台，药品供应链的所有节点都将在区块链上对流通的药品信息进行记录。任何药品在区块链上都能够得到验证，最大限度地保证了药品的可追溯性，使药品盗窃者与假药销售者无处下手，进而保证病患的用药安全。这也会促使制药公司严格按照药物供应安全法案的要求进行药品生产作业，进而直接改变全球药品安全现状。

第九章

区块链技术驱动下的教育行业管理创新

第一节　教育行业现状与业务痛点

一、教育行业发展现状

"百年大计，教育为本。"在社会发展中，教育是最基础的工程，是培养年轻力量的根本。教育越来越成为提高一个国家创新能力的基础，教育水平的高低决定着人才培养的数量和质量，决定着一个国家的科技发展水平和创新能力。

随着信息时代的到来，我国加快了教育信息化建设，把教育设备、教育系统以及教育环境等纷纷融入信息化元素。从《教育信息化十年发展规划（2011—2020年）》，到《教育信息化"十三五"规划》，再到《教育信息化2.0行动计划》和《教育现代化2035》，教育信息化工作已经成为教育领域变革的内生变量，支撑并引领教育现代化发展，推动教育理念更新、模式变革、体系重构，助力我国教育发展水平迈向世界前列。

在教育信息化的大环境下，大部分原本存储于纸上的数据转移到了硬盘和网络上，包括学籍档案、成绩管理、教职员工信息、学术文献资料等。小到院校级别的各种数字教学平台，大至国家级的教育资源和管理公共服务平台，都存储了教育领域的海量知识和用户数据。如何有效利用这些数据信息，实现对教学的指导和教学资源的科学管理有重大意义。

因此，"互联网+教育"是全球教育发展与变革的大趋势，而区块链技术在"互联网+教育"生态的构建上发挥着重要作用。

在中国，2016 年 10 月，工信部颁布的《中国区块链技术和应用发展白皮书（2016）》中指出，区块链系统的透明化、数据不可篡改等特征，完全适用于学生征信管理、升学就业、学术、资质证明、产学合作等方面，对教育就业的健康发展具有重要的价值。2018 年 4 月，教育部发布《教育信息化 2.0 行动计划》，提出积极探索基于区块链、大数据等新技术的智能学习效果记录、转移、交换、认证等有效方式，形成泛在化、智能化学习体系，推进信息技术和智能技术深度融入教育教学全过程，打造教育发展国际竞争新增长极。

在国外，2017 年 11 月，欧盟委员会联合研究中心发布《教育中的区块链》报告，探讨了区块链技术在学校和大学应用的可行性、挑战、收益和风险，对区块链技术在教育领域的应用进行了探索性回顾，并重点关注了欧洲教育领域内区块链技术的运用。报告中提到，教育行业的利益相关者可能会着重关注区块链的潜力，即对个人性和学术性学习进行数字认证的潜力。报告还提出了区块链可以应对教育行业中的很多挑战，如数字认证、多步骤认证、识别和转让学分，以及学生支付交易等。2019 年 9 月 18 日，德国经济与能源部和财政部联合发布了《德国国家区块链战略》，提出资助基于区块链技术的高等教育文凭的验证应用，另外还提出将开发和测试端到端数字验证的技能证书和工作绩效证明（"数字证书"）。2020 年 2 月 7 日，澳大利亚工业、科学、能源和资源部发布《国家区块链路线图：迈向区块链赋权的未来》，提出行业和教育机构合作开发区块链资格认证的通用框架和课程内容。2020 年 6 月 8 日，美国教育委员会发布《互联影响：通过区块链释放教育和劳动力机会》报告，分析了区块链在教育领域的现有和潜在案例，包括分布式账本技术如何增强学习者所有权以及技能与证书的沟通。

二、教育行业业务痛点

就我国而言，从普及九年义务教育到教育信息化，教育产业的发展和改革从未停下脚步，但教育领域依然存在着一些痛点，影响着教育事业的发展。

1. 学籍学历管理不完善

当今社会，很多企业对员工的学历越来越重视，学历的门槛要求也越来越高，但我国的学籍学历管理还不够完善。

当前我国学生学历、学籍信息的认证及查询主要在国家的学信网进行，学信网是国家唯一指定的学历查询网站。如果企业能从学信网上查询到求职者的姓名和证书编号，就断定求职者的学历证书是真实的；如果查不到相关信息或者查到的信息跟求职者信息不相符，那么就断定求职者的学历证书是假的。但这实际上并不能完全判断学历证书的真伪，因为作为一个中心化的系统，学信网存在以下弊端：

（1）存储空间与数据增长速度不匹配。高校在自身建设过程中积累了大量的信息数据，这些信息数据被储存于各自独立的服务器内置硬盘或者直连存储空间里。因此，要想增加存储空间容量，就必须不断增加数据服务器的数量。但是随着数据的快速增长，中心化的服务器已经难以满足存储空间的需求。

（2）数据分散，增加投资成本。随着中心化的应用服务器和数据服务器越来越多，不仅形成了服务器分散式管理的局面，还直接导致数据中心设备投资成本的大幅度增加。对于系统管理员来说，在服务器分散式管理的数据存储方式下，要实现数据库系统的高效管理是非常困难的，尤其是数据恢复以及数据备份工作，管理环节和操作都比较繁杂，非常耗费时间和精力。

（3）系统和网络运行效率低。在网络环境下，数据中心的工作是非常繁忙的，包括数据加载、发布、更新、备份、恢复等，这些工作都需要占用网络宽带和服务器资源。当网络上的数据存储量增加到一定规模时，对数据服务和数据管理将会造成极大的网络负担，导致系统和网络运行的效率低下。有限的服务器和网络性能与不断增加的数据存储量形成了难以调和的矛盾，因此，这种模式难以长久运用。

同时，学信网上所收录的信息并不包含学生的教育生涯所接触的各类教育数据，收录数据维度有限。例如 CPA、司法考试等其他教育/认证单位颁发的证书及考试成绩并不会收录在学信网上，而是分散在各个举办考试的行业工会/协会当中。

2. 优质教育资源共享不充分

现在的教育资源受制于各自为政的中心化平台，师资、教研成果共享不充分。在目前的教育体制下，部分优秀的老师可能有更好的教学方法、课件，甚至作品，但却没有一个很好的共享平台让他们展示自己的才华。优质教育资源不能充分共享，很大程度上造成了浪费，不利于教育行业发展。

3. 学术资源保护力度不够

就教师、教育机构来说，课程教材、课程视频等课辅材料容易遭盗取，剽窃者将盗取的课辅材料散布至互联网上，获取非法所得。即使相关平台对盗版资源买卖进行大力打击，但网上仍有部分盗版资源，这严重损害了课程开发者的合法权益。在学术科研领域，同样也有学术造假、研究成果抄袭剽窃的案例。在这类案例发生时，往往难以认定是否构成了著作权的侵权，学术研究成果的归属权问题也难以界定，打击了研究人员的创新积极性。内容剽窃的成本低、权责追溯难度大、监管力度不够等都是造成以上问题的主要原因。

第二节　区块链技术在教育行业中的应用

随着科技变革引领的数字经济社会的到来，教育的内涵、目标、形态、方式、结构都随之变化。教育现代化的实现需要在达成普惠性公平的同时，更加关注个性化和多元化发展；需要在共享共建的同时，关注共同治理的主体责任与自治过程中的信任危机；需要在扩大开放、拥抱新技术和新思想的同时，加强科学研究，关注安全问题与风险防控。区块链通过对共识机制、密码学原理、分布式存储、时间戳、智能合约等技术的集成应用，拥有了透明可信、安全防篡改、多中心、可追溯、自动执行等优势，能够更好地解决教育变革中开放与安全、自治与信任的冲突，为构筑"人人皆学、时时能学、处处可学"的学习型社会提供更可信赖的记录载体。基于区块链技术构建的教育生态体系如图9-1所示。

一、区块链技术在完善学籍学历管理中的应用

基于区块链去中心化的、可验证的、防篡改的存储系统，构建学籍学历证书管理系统，不仅能够保证学籍学历证书的完整、可信，使得学籍学历验证更加安全、便利和高效，而且还能节省人工颁发证书和检索资料的时间成本、人

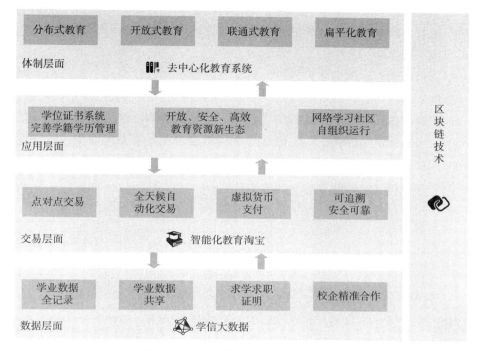

图 9-1 基于区块链技术的教育新生态

资料来源：杨现民等．区块链技术在教育领域的应用模式与现实挑战［J］．现代远程教育研究，2017（2）：34-45.

力成本，以及学校搭建运营数据库的费用。在此学籍学历证书管理系统中，用人企业同时还可以看到学生的数字学籍学历证书。

二、区块链技术在共享教育数据中的应用

区块链技术是一个去中心化的分布式账本，利用该项技术，不仅可以实现海量数据的存储，还可以保证数据的真实性和安全性。采用区块链技术，可以免去重复使用中心服务器储存数据的麻烦，降低数据丢失的风险，从而促进有效储存教育档案，实现教育资源共享。

1. 存储教育档案

随着科学技术的不断发展，档案管理成为教育领域中的一项重要任务。受教育者从入学到离开学校，都需要一个教育档案来记录他们的教育数据。区块

链技术能为受教育者建立起一个庞大的教育档案,并且每一项数据都是真实有效的。把教育档案存储在区块链系统中,既保证了受教育者所受教育数据的完整可查,又为企业用人提供了参考依据。

尽管目前在教育信息化背景下,教育档案数字化已经实现,但是由于网络的开放性,学校的教育系统总是容易受到黑客攻击,给学校造成巨大损失。在人为监管教育数据的情况下,如果内部监控出现了疏漏,会极大地威胁到数据存储的安全。通常情况下,学生的教育数据信息是比较容易泄露的,一些倒卖数据的人会把学生的相关信息泄露给其他人,这对学生的安全非常不利。因此,数据的安全性也是一个非常关键的问题。

把区块链技术应用到教育信息存储领域,可以有效避免教育数据的泄露问题,增加数据存储的安全性。区块链是一个去中心化的分布式账本,能够把教育信息存储在由数以亿计的节点构成的去中心网络系统中,保证教育数据的安全。

2. 实现教育资源共享

伴随着区域经济发展不均衡,我国的教育行业也存在教育资源共享不充分、信息化成本过高等问题。利用区块链的分布式账本,能够把教育资源整合起来,实现教育资源的跨平台、跨国家共享,从而让受教育者用最少的成本享受最优质的教育。

(1)实现国内教育资源共享。教育涉及知识的分享、传递和内化。在传统的开放教育模式下,知识拥有者把自己的知识成果放在集中式平台上(个人网站或其他类型的平台)供用户购买和下载,但该方式难以实现对知识产权的充分保护。一些用户在获得知识成果后,稍加改动(或不加改动)就以原创者自居,进行二次传播,这侵害了拥有者的知识产权。区块链技术能够优化知识成果的分享过程。教师可以利用区块链的分布式存储功能,将数据信息分布式存储在区块链的每一个节点中,实现自己的教学课件、教学课程分享。这也意味着,教师在发布教育资源的同时就能实现教育资源的共享。同时在区块链系统中,每条信息都有独立的时间戳证明,这就相当于宣布了知识成果的出处和拥有权,保证了教师的个人权益不会受到侵犯。若他人简单对其知识成果进行修改并二次传播,则可以通过将传播内容与原知识成果进行比对达到确权的目的。此外,在知识成果传播的过程中,若接收者需要付费购买,可以通过智能合约技术实现知识成果的交易。发布教育资源的教师既能分享自己的教育资源,也能从他人的教育资源中受益。除此之外，学生资料也可以通过区块链技术实现安全共享，这些资料包括教育经历、工作经历、学习经历、课外活动等。对于教育机构来说，数据共享有利于他们更合理地设计课程并完善学分制度。

（2）实现国际教育资源共享。教育资源共享还包括国际教育资源共享。由于国内外教育信息不对称，当出国留学时，在国内有时很难找到国外教育机构的相关资料，例如国外学校的教学环境、师资力量、教学水平等。如果基于区块链构造一个不可篡改且数据安全共享的国际教育资源公共信息平台，实现信息的整合查询功能，那么有需要的人就可以查询自己想要了解的国外教育资源。因为任何时间、任何个人、任何机构都不可能对区块链上面的信息进行篡改和毁坏，所以完全的去中心化的运行链条和完整的时间戳记录，保证了信息的公开透明度，实现国际教育资源共享。

三、区块链技术在建设学信大数据中的应用

区块链作为一个去中心化、可验证、防篡改的分布式账本，可以构建学信档案数据库，用来记录和存储学生日常的学习行为数据，包括在校学生的课程成绩、学分、项目、科研情况等各种学习数据。首先标注时间戳标签，然后分布式存储在学分证明区块链节点中，同时任何教育机构和组织都可以跨地域、跨平台地记录学习行为以及学习结果并将其永远保存在区块链系统中，构成个体学信大数据。这些大数据中包含了学生整个学习期间的学业水平、日常行为表现、德育水平、健康状况、特长、诚信状况、心理发育等多个方面，有助于保证学生履历的权威性，解决当前教育领域存在的信用体系缺失和教育就业中学校与企业相脱离等实际问题。例如，经授权的第三方机构或用人单位可以在区块链任意节点中查看学生的学习数据，更好地对其品行和能力进行评估，精确评估应聘者与待招岗位间的匹配度。此外，学信大数据还是高校开展人才培养质量评估以及专业评估的重要依据，有助于实现学生技能与社会用人需求无缝衔接，有效促进学校和企业在人才培养上的高效、精准合作。

同时，记录信息在系统中全程留痕，保证了信息记录的安全性。对信息及数据进行链上认证，后期结合记录、核实等机制，可以准确保证信息及数据权威性，记录学生终身学习轨迹，构建可信的教育记录。通过可信区块链技术将教师、学生数据上链，做到了评价与决策过程和结果的公正、透明、可信，实现了智能决策和可视化管控，推动教育管理优质高效，决策科学合理。

基于区块链的学信大数据建设如图 9-2 所示。

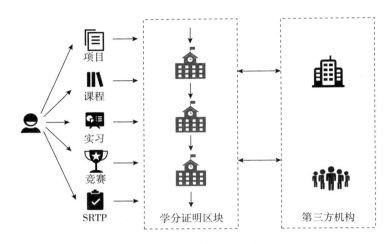

图 9-2 基于区块链的学信大数据建设

注：SRTP：大学生科研训练计划 Student Research Training Program。

资料来源：https：//mp. weixin. qq. com/s/hSfKJwYYVGY98smm2BFvaA。

第三节 "区块链+教育"在企业 管理中的创新案例

目前区块链技术在教育行业中的应用仍处于探索阶段，其以企业或组织开发的平台为主，内容包括学生的学习成果记录与认证、员工的职业培训、地区的教育数据采集与分析等。随着教育信息化 2.0 的不断深入，区块链将与教育大数据、人工智能、云计算等技术进一步融合，发挥各自优势，推动教育现代化。

案例一 索尼国际教育公司——基于区块链的学习平台

索尼国际教育公司（Sony Global Education，SGE）成立于 2015 年 4 月 1日，致力于提供一个学习平台，以带动全球对教育业的兴趣，激发人们的创造力。同时，SGE 还提供各种应用程序，整合各类学习元素，突破现有课程设置限制，为全球各年龄层、不同社会背景的人带来全新的教育体验。

SGE 认为，区块链去中心化、加密性、安全性的特点可以作为底层架构来记录学术进展，并安全传输学生的相关数据，例如学生学业水平的统计与测量数据。同时，区块链技术能够构建安全的基础设施系统，实现数据共享，并能够永久安全地保存数据，供用人单位随时查询。2016 年 2 月，SGE 推出了一项区块链服务计划，学生能够根据这项计划来转移自己的数据，例如可以把大学期间的学习成绩单发送给用人单位。这项服务计划表明 SGE 开始把区块链技术应用到教育领域，研发出了开放、安全性高的学业成绩和学习记录共享应用。SGE 将系统建立在 IBM 的区块链上，通过 IBM 公司提供的 IBM Cloud 和 Linux 基金会主导的 Hyperledger 项目之一的区块链架构 Hyperledger Fabric 1.0 而实现，该系统创建了新的教育和学习服务，使很多教育机构能够共享其数据。

案例二　麻省理工学院 Blockcerts 平台——学历证书区块链

麻省理工学院媒体实验室与 Learning Machine 公司合作推出 Blockcerts 平台，该平台是一个用于创建、发行并验证学历证书的开放标准平台。通过在区块链上创建学术成绩单、资格证书等记录，利用 Blockcerts 可以审查证书文凭的可信度。该平台的工作流程包括：

（1）利用区块链技术的加密特性，建立能够记录学生成就及成绩信息的认证基础设施，以及含有证书基本信息（收件人姓名、发行方名字、发行日期等内容）的数字文件。

（2）利用区块链的加密特性让用户使用唯一的私钥对学历证书进行签名，系统则会为证书创建一个哈希值，以便验证证书的信息数据是否被篡改。

（3）用户再次使用私钥在比特币区块链上创建一个时间戳记录，证明学历证书颁发的具体时间以及颁发对象。

2018 年，已有超过 600 名麻省理工学院毕业生选择获得 Blockcerts 区块链的数字版学位证书，这些学生的学术记录将永远保存在区块链上，未来的雇主可以即时进行验证。

案例三 俄罗斯 DISCIPLINA 项目：基于区块链对接教育过程与就业信息

DISCIPLINA 教育就业区块链项目成立于 2017 年，中心办公室位于俄罗斯圣彼得堡，在美国和爱沙尼亚设有代表处，致力于通过区块链在教育中的应用解决就业环节劳动力雇佣双方信息不对称的问题。该项目利用区块链技术优化教育过程中的师生互动，以分布式记账技术保障学生表现评分和师生评论真实有效，确保用人单位获得的关于职位候选人的信息真实可靠。与此同时，雇用单位可按技能需求在其区块链产品中详细搜索符合条件的候选人，保障雇主的人才需求得到充分满足。

DISCIPLINA 教育就业区块链项目的主要技术实现路径如下：

（1）通过个人技能和职业资格分析系统对教育过程数据进行分析，以资料验证的方式创建个人职业资格列表，从而帮助用人单位使用该项目的搜索引擎和数据公开算法选择最合适的职位候选人。

（2）通过数据披露算法保证数据接收方信息的准确性，同时确保信息提供方无须面临在公共领域暴露个人隐私数据的风险。

（3）通过私有——公共区块链确保数据的机密性和可靠性，私链部分包含数据本身，公链部分包含对其可靠性的加密确认。

（4）构建信任网，任何用户都能够评估网络中其他成员的可信度。同时未来系统将基于评估结果为每个网络用户建立一个等级，从中挑选信誉良好的教育机构。

DISCIPLINA 教育就业区块链项目虽然也包含学生教育信息和综合评价，但更加强调就业环节对于用人单位和就业者的帮助和促进作用。这一项目将区块链技术中分布式记账的加密属性用于个人就业信息的隐私保护和雇佣双方的精准匹配，通过人才搜索引擎和数据公开算法帮助用人单位挑选合适的职位候选人。

案例四 巴塞罗那大学 EDUBLOCS 项目——通过区块链管理个性化学习过程

EDUBLOCS 项目是由巴塞罗那大学教育研究学会开发的教育区块链项目，

主要目标定位是建立一个能够完整记录学习活动全过程的系统。该项目利用区块链技术进行管理评估流程，由此形成学生的个人专属学习活动行程表，并通过学科导师共同参与，建立形成性评价和认证鉴定。其技术实现路径主要有以下几个方面：

（1）该项目提供五个学习活动区块，分别是小组讨论会、开发使用特定技术的技能、参与性会议、研讨会个人展示、撰写学术文章。学生必须执行每个区块中的至少一个活动，最多选择八个活动。

（2）通过算法对初步调查表进行分析，检测学生的学习需求、能力和兴趣。

（3）学生与小组导师协商选择系统提供的学习活动行程建议，并在整个课程学习过程中，对相关课程要素进行补充或替换。

（4）通过"技术强化评估"（Technology Enhanced Assessment，TEA）应用程序，辅导员将实现对小组成员学习行为活动的访问监督。该系统包括用于定量和定性评估的资源，有价值的信息将被上传至区块链。任何学生都可以在区块链上进行查询，查询将返回匿名信息，这些信息涉及在不同活动中获得的结果、学生人数和学习活动行程监控等。

（5）整个教育过程数据的记录主要依靠项目——教育区块链成绩册（Edublocs Grade Book，EGB），通过登录以太坊账号进行数据传输，实现分数信息可验证、永久性、不可更改及不可删除。

综上所述，EDUBLOCS项目利用区块链技术管理学生个性化学习过程，将教育主体认证的时间范围和容量信息扩大，从结果导向的学历证书保存认证推广到过程导向的学习经历监督评估，从而能够在真正意义上实现综合评价和过程信息的记录存储。

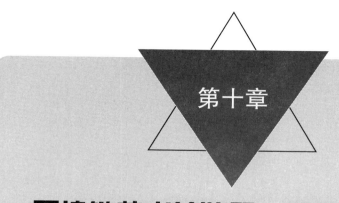

第十章

区块链技术的监管、融合与创新

第一节 区块链技术的监管

一、各国对加密数字货币的态度

1. 美国

美国政府对加密数字货币持积极态度，认可比特币可用来支付商品、服务或持有用作投资，但同时也加强了对加密数字货币交易的监管，遏制与之相关的洗钱和恐怖主义融资活动。

2013 年 8 月，美国得州联邦法官 Hirsh 把比特币裁定为合法货币，受《联邦证券法》监管。

2014 年 6 月，美国加州州长签署 AB129 法案。在确认不违法的前提下，法案将保障包括加密数字货币、积分、优惠券在内的美元替代品在购买商品、服务以及货币传播中的使用。

2014 年 7 月，美国纽约州公布监管比特币和其他数字货币的提案，将加密数字货币管理和比特币牌照相关法规纳入《纽约金融服务法律法规》，启动对比特币的监管。

2015 年 1 月，最大的比特币交易平台之一 Coinbase 获批成立比特币交易所，在美国得到了包括纽约州、加州在内的 25 个州的认可。

2015 年 9 月，美国商品期货交易委员会（U. S. Commodity Futures Trading Commission）正式将比特币和其他数字货币定义为商品，该委员会将监管比特币相关的交易活动。

2017 年 2 月，美国亚利桑那州通过区块链签名和智能合约合法性法案。

2018 年 3 月 9 日，南卡罗来纳州发布停止令，暂停云采矿服务公司 Genesis Mining 以及 Swiss Gold Global 公司在美国南卡罗来纳州的运营。

2018 年 3 月，美国国会发布《2018 年联合经济报告》，报告专门有一个章节讨论加密数字货币和区块链。

2. 欧盟：以德国为例

德国对加密货币较为开放，是全球首个承认比特币合法地位的国家。

2011 年 11 月，德国联邦金融监管局制定了一份金融工具备忘录，赋予"比特币"与外汇同等的地位，并规定比特币为一种"记账单位"（Unit of Account），而不是法定支付手段。

2013 年 8 月，德国政府表示，比特币可以当作私人货币和货币单位，个人使用比特币，会有一年的免税优惠，进行商业用途时要征收一定比例的税收。德国没有将比特币界定为外币或电子货币，而是将其认定为可以被用于多方结算的"私人货币"。

2016 年 10 月，德国联邦金融监管局（BaFin）为德国一家提供比特币借贷业务的公司颁发了牌照。到目前为止，德国是世界上少数针对比特币交易制定了较为清晰的监管和法规政策的国家之一，而这在一定程度上也反映出欧盟对比特币的态度。

2018 年以来，为应对恐怖主义使用加密货币所带来的威胁，欧盟委员会计划强化对非银行支付方式的控制，如电子支付、匿名支付、数字货币支付以及黄金和其他贵金属的转移。

2018 年 2 月 27 日，欧盟召开加密货币圆桌会议，会议指出：加密货币不是传统意义上的货币，价值不受保证，同时加密资产增加了洗钱和资助非法活动的风险。

2018 年 3 月 5 日，欧盟委员会表示，将评估欧盟现有规则对加密货币、ICO 的适用性，并且将针对众筹平台监管递交一份法律草案。

3. 中国

对于比特币等虚拟加密货币来说，中国是典型的严格监管国家之一。

2013 年 12 月，中国人民银行、工业和信息化部、中国银行业监督管理委员会、中国证券监督管理委员会以及中国保险监督管理委员会五个行政部门联合发布了《关于防范比特币风险的通知》，将比特币定性为"虚拟商品"，要求各金融机构不得参与到比特币的相关业务中，同时要求交易平台做好备案和履行反洗钱的义务。该通知的出台基本划定了金融与比特币之间的红线。

2014 年 3 月中旬，央行发布《关于进一步加强比特币风险防范工作的通知》，禁止国内银行和第三方支付机构为比特币交易平台提供开户、充值、支付、提现等服务。

2017 年 6 月，央行货币金银局官网发布《关于冒用人民银行名义发行或推广数字货币的风险提示》，目前央行尚未发行法定数字货币，也未授权任何机构和企业发行法定数字货币，目前市场上所谓"数字货币"均非法定数字货币。

2017 年 9 月，央行等七部委联合发布《关于防范代币发行融资风险的公告》，以 ICO 融资为代表的代币发行融资被叫停，相关加密数字货币交易平台停止运营。

2018 年 3 月，原央行行长周小川表示，加密数字货币还处在摸索阶段，加密数字货币未来监管取决于技术成熟程度及测试评估情况，还有待观察。同时他坦言，中国对加密数字货币仍持开放态度，但前提是它不会破坏金融系统。由此，中国加密数字货币仍处于严监管状态。

二、各国对区块链的态度

各国对于数字货币的态度各有不同，但对区块链技术都呈热情拥抱和积极发展的态度，均在积极引导本国区块链技术的研究和产业化。

1. 美国

对于区块链技术，美国表现出了浓厚的兴趣并保持支持态度，通过立法来支持，鼓励投资。

2016 年 6 月，国土安全部对 6 家致力于政府区块链应用开发的公司发放补贴，推动政府数据分析、连接设备和区块链的研究发展。

2017 年 2 月，美国亚利桑那州通过区块链签名和智能合约合法性法案。同月，美国国会宣布成立国会区块链决策委员会。

2017 年，美国医疗保健部门 ONC 将区块链技术应用到医疗保健领域中，同时特朗普政府的代表、国会和行政部门均承认了区块链的潜力，呼吁发展该技术在公共部门中的运用。

2017 年 3 月，美国亚利桑那州批准了与区块链技术相关的法案，承认以区块链技术保护的签名和合同为电子形式，并且电子签名及合同形式合法有效，该项法案当时以全票通过。

2017 年 4 月初，内华达州通过"区块链技术免税"法案，使该州成为了第一个防止地方司法管辖区对使用区块链技术征税或施加限制的州，这也体现了美国对区块链技术的法律认可。

2018 年 2 月 6 日，美国众议院举行了一场名为"加密货币：美国证监会和商品期货交易委员会的监督作用"的听证会；同年 2 月 14 日，又举行了一场主题为"超越比特币：区块链技术新兴应用"的听证会，将区块链上升到"变革性技术"，探讨的应用场景涵盖了金融、商业和政府效率提升等方向。

2. 欧盟

对区块链这一新兴技术，欧盟视其为金融科技，采取积极鼓励并且支持的态度。

2016 年 3 月，欧洲央行（ECB）在《欧元体系的愿景——欧洲金融市场基础设施的未来》咨询报告中公开宣布，正在探索如何使区块链技术为己所用。

2016 年 4 月，欧洲加密货币与区块链技术论坛举办集中讨论区块链的"博览会"：央行计划对区块链和分类账簿技术与支付、证券托管及抵押等银行业务的相关性进行评估。

2018 年 2 月 27 日，欧盟圆桌会议针对区块链技术得出明确结论：区块链技术是金融市场的希望，欧洲必须接纳并保持竞争力。

2018 年 3 月 5 日，欧盟委员会表示，将加大建立通用区块链技术标准的努力，以促进欧盟金融科技市场发展，并且将设立金融实验室，以帮助监管者应对金融科技问题。

2018 年 3 月 9 日，欧盟发布 2018 年金融科技计划，增强对区块链等新兴科技的监管监督。

3. 中国

对于区块链技术，我国政府与企业表现出浓厚兴趣并且支持发展区块链技术。目前，各地政府纷纷启动区块链创新项目，以期将区块链技术应用在政府公共管理和企业创新中，提高政府、企业效率。

2016 年 1 月，中国区块链研究联盟成立；2 月，中关村区块链产业联盟成立；4 月，中国分布式总账基础协议联盟（China Ledger）宣布成立。

2016 年 10 月，工信部发布区块链第一个官方指导文件《中国区块链技术和应用发展白皮书（2016）》，给予行业发展政策指引，首次提出中国区块链技术发展路线图与标准框架体系。

2016 年 12 月，《"十三五"国家信息化规划》首次提到支持区块链技术发展，区块链作为战略性前沿技术，被写入国家"十三五"规划中。

2017 年 5 月 16 日，国内首个区块链标准《区块链参考架构》正式发布，区块链基础性标准确立，并对行业的参与者和核心功能组件做了详细规定。

2018 年 4 月，教育部发布《教育信息化 2.0 行动计划》，提出积极探索基于区块链、大数据等新技术的智能学习效果记录、转移、交换、认证等有效方式，形成泛在化、智能化学习体系，推进信息技术和智能技术深度融入教育教学全过程。

2018 年 6 月，工信部《工业互联网发展行动计划（2018—2020 年）》，鼓励推进区块链、边缘计算、深度学习等新兴前沿技术在工业互联网的应用研究。

2018 年 9 月，《最高人民法院关于互联网法院审理案件若干问题的规定》实施，其中第十一条明确指出："当事人提交的电子数据，通过电子签名、可信时间戳、哈希值校验、区块链等证据收集、固定和防篡改的技术手段或者通过电子取证存证平台认证能够证明其真实性的，互联网法院应当确认。"这是最高人民法院首次将"通过区块链获取的证据记录予以认可"写入明确的规定中，表明最高人民法院认定在互联网法院中区块链证据的法律效力。

2019 年 1 月，网信办发布《区块链信息服务管理规定》，为区块链信息服务的提供、使用、管理等提供有效的法律依据。

2019 年 10 月 24 日，中共中央政治局就区块链技术发展现状和趋势进行第十八次集体学习，习近平总书记着重强调："要推动区块链和实体经济深度融合，解决中小企业贷款融资难、银行风控难、部门监管难等问题"，要把区块链技术作为核心技术自主创新重要突破口，区块链正式上升到国家战略高度。

2020 年 4 月 20 日，国家发改委明确"新基建"范围，包括信息基础设施、融合基础设施、创新基础设施，首次将区块链列入新型基础设施的范围，明确其属于新基建的信息基础设施。

同时，尽管在现行法律中没有明确规定区块链类型的资产是否合法，但我国在立法上对财产的范围采取了开放的态度，区块链资产并没有被排除在合法财产的范围之外，因此只要是合法取得的，就是受到法律保护的财产，并且可以享有私有财产权和继承权。

第二节　区块链技术与其他技术的融合

作为价值互联网的底层技术，区块链不是单独存在的技术架构，而是可以与物联网、大数据、人工智能等技术相互兼容的新一代革新型技术。区块链技术的发展过程，对物联网、人工智能、大数据等技术的推广起到重要的促进作用，同时区块链技术的应用也需要这些技术作为支撑。例如，区块链溯源，如果没有物联网技术，区块链溯源也很难发展起来。区块链作为一个不可篡改的数据库，需要通过物联网技术进行数据采集，才能保证数据的真实性。如果上链数据是人工录入的，就很难保证链上数据的真实性，区块链的价值也就无法真正体现出来。因此，区块链技术的发展过程也是与其他技术不断融合并不断创新的过程。这种创新与融合将加速区块链技术在各领域的应用，加速服务实体经济和数字经济社会建设。国家也在不断出台相关政策超前布局区块链发展，积极推动区块链与物联网、大数据、人工智能、云计算等信息化技术的融合，鼓励区块链技术在社会经济生活中的创新应用。

区块链与其他技术的融合如图 10-1 所示。

一、区块链与物联网

物联网（Internet of Things，IoT）即"万物相连的互联网"，是在互联网基础上延伸和扩展的网络，是将各种信息传感设备与互联网结合起来而形成的一个巨大网络，可以在任何时间、任何地点实现人、机、物的互联互通。物联网提出了"万物互联"的 M2M 理念，除了通过互联网已经实现互联的机器（Machine）以外，还要连接物理世界的人（Man）和物（Material），包括各种非智能物品及环境。简单地说，物联网就是物物相连的互联网，实现设备与设备、系统与系统之间的互联。

目前，物联网应用领域已经涉及方方面面：在工业、农业、环境、交通、物流、安保等基础设施领域，有效地推动了智能化发展，使得有限的资源更加

图 10-1 区块链与其他技术的融合

资料来源：朱建明等．区块链技术与应用［M］．北京：机械工业出版社，2017．

合理分配使用，从而提高行业的效率和效益；在家居、医疗健康、教育、金融和服务业等与生活息息相关的领域，极大地改进了服务范围、服务方式和服务质量，大幅提高了人们的生活质量。但随着 5G、窄带物联网（Narrow Band Internet of Things，NB-IoT）、RFID（射频识别）等技术的应用和发展，物联网中设备数量激增，对于服务器的计算能力也提出更高的要求。如果仍然以传统的中心化网络模式进行管理，将带来巨大的数据中心基础设施建设投入及维护投入。此外，基于中心化的网络模式也会存在安全隐患，中心化的服务器本身依然是一个瓶颈和故障点，这个故障点有可能会颠覆整个网络。与此同时，用户隐私安全问题也是很大的挑战。政府安全部门可以通过未经授权的方式对存储在中央服务器中的数据内容进行审查，而运营商也很有可能出于商业利益的考虑将用户的隐私数据出售给广告公司进行大数据分析，以实现针对用户行为和喜好的个性化推荐，而这些行为其实已经危害到物联网设备使用者的基本权利。

区块链可以在物联网中作为一种普适性的底层技术，为大规模物联网网络提供高容纳性、可信任的基础设施，从而破解了物联网的超高维护成本以及中心化服务器带来的发展"瓶颈"。区块链可以通过为物联网提供点对点直接互联的方式来传输数据，通过数字货币验证参与者的节点，同时安全地将交易加入账本中。交易由网络上全部节点验证确认，消除了中心服务器的作用，不需要为维护中心服务器付出超高成本。而且因为大量信息分散在网络内存在的各个设备中，这样即使一个或多个节点被攻破，整体网络体系的数据依然是可靠、安全的，避免由于网络中任何单一节点失败而导致整个网络崩溃的情况发生。同时，通过身份验证、授权机制等技术，区块链还可以从信息存储、信息传递等方面保证物联网的安全性和隐私性。此外，区块链技术叠加智能合约可将每个智能设备变成可以自我维护、自我调节的独立网络节点，这些节点可在事先规定或植入的规则基础上执行与其他节点交换信息或核实身份等操作，实现物联网智能化应用模式的扩展，促进商业模式创新。

二、区块链与大数据

2020 年 4 月 9 日，《中共中央、国务院关于构建更加完善的要素市场化配置体制机制的意见》正式公布，首次将数据与土地、劳动力、资本、技术等传统要素并列为要素之一，提出要加快培育数据要素市场。目前，互联网公司通过大量的用户数据在商业上得到了前所未有的发展，创造了巨大的经济效益，但同时也面临着用户隐私被泄露的危险。另外，互联网充斥着大量的低质量数据，也制约了大数据的进一步发展，而且政府和企业信息化也面临着数据孤岛和数据质量低的困境。基于可信任性、安全性和不可篡改性，区块链在与大数据结合后，可以保证数据的质量，并打破信息孤岛的障碍，增强数据间的流动。

第一，区块链保障数据所有者权益。区块链的诞生保证了数据生产者的数据所有权。对于数据生产者来说，区块链可以记录并保存有价值的数据资产并且受到全网认可，使数据来源以及所有权变得透明、可追溯。一方面，区块链能防止中介复制用户数据的情况发生，有利于可信任的数据资产交易环境形成；另一方面，区块链为数据提供了可追溯路径，可以回溯历史交易记录，判断该数据是否正确，对该数据的真假进行识别。

第二，区块链保障数据私密性。全球大量高密度、高价值的数据都掌握在政府手里，例如人口数据、医疗数据等。政府数据开放共享是必然趋势，这将会极大地推动整个社会经济的发展。但是，政府数据开放共享面临的难点和挑战是如何保护个人隐私不受侵犯。人们利用区块链技术，通过哈希处理等加密算法可以在不访问原始数据的情况下使用数据，完成数据脱敏，在保护个人隐私安全不受侵犯的前提下共享政府数据。而且区块链技术比可能会被破坏的中央服务器更安全，不会使用户的敏感数据处于危险之中。

第三，区块链确保数据分析的安全性。大数据因为数据分析才有了价值。在进行数据分析时，首先需要解决的难题是如何有效保护个人隐私安全和防止核心数据泄露。例如，随着指纹数据分析应用和基因数据检测与分析手段的普及，如果个人健康数据发生泄露，后果非常严重。区块链与大数据的结合将保证数据分析的安全。区块链可以通过多签名私钥、加密技术、安全多方计算技术保证只有被授权者才可以访问数据，而且进行数据分析时不能访问原始数据。这样个人健康数据既可以提供给全球科研机构和医生共享，也可以保护数据的私密性。这种解决方案的提出将为未来解决突发疾病、疑难疾病带来极大的便利。另外，区块链上的数据质量极高，可以减少数据挖掘分析中数据收集和清洗的成本。

作为"21 世纪的石油"，数据已成为未来最重要的生产资源，不但规模巨大，而且将随着人类行为的改变而不断变化，成为测量、理解一个时代商业和社会的关键，未来将会是全行业的标配。区块链技术是未来世界最重要的基础技术之一，它构建了一个让所有参与者都可以共同维护的可信价值互联网。区块链作为一个传输价值的信任网络，能够让数据这项最重要的生产资源在流通中的成本降至最低。可以说，区块链这项未来最重要的底层技术，与数据这项未来最重要的社会资源结合在一起，必然能够释放出极大的商业价值和社会价值。

三、区块链与人工智能

人工智能（Artificial Intelligence，AI）是计算机科学的一个分支，是研究和发现用于模拟、延伸和扩展人的智能的理论、方法、技术及应用系统的一门新的技术科学。人工智能试图了解智能的实质，并给出一种新的模拟人类大脑做出反应的智能机器。

算力、算法模型和数据是人工智能的核心。目前各个研究人工智能的公司在算力和算法模型方面没有质的差别，基本上都是通过数据不断"喂养"机器，使机器具有更强的认知能力。对于大部分人工智能初创企业来说，由于数据的缺失，导致企业的发展非常缓慢，很多技术只能停留在实验阶段，无法大规模应用。尤其是医疗、教育等行业的数据缺失，使这些行业滞后于社会的整体发展水平。

区块链可以重构生产关系，人工智能可以提高生产力，二者优势互补，具有很大的应用潜力。区块链与人工智能融合后，区块链可以保障数据的一致性和不可随意篡改，使得数据源相对稳定，实现获取高质量有价值的数据来训练AI模型，解决现在人工智能的痛点。例如部分公司正在尝试通过区块链构建去中心化的机器学习系统，从而达到构建安全可信且能够保护用户数据隐私性的高效机器学习平台的目的。另外，人们可以通过区块链构建机器学习模型和算力的交易平台，使得机器学习从业者可以通过这些平台进行模型和算力的共享。同时，建立在共识机制上的算法模型也将因为得到大家的维护而难以篡改。区块链对人工智能的影响会改变现在人工智能发展的现状，构建全球数据共享和AI模型生态，带动整个社会高速发展。

区块链技术的发明，本身就集成了分布式系统、密码学、博弈论、网络协议（P2P）等诸多技术，是人类发展史上一个伟大的创举。区块链未来的发展也需要和大数据、人工智能、物联网等技术充分融合后才能真正发挥其价值。

第三节　区块链技术应用面临的挑战

根据市场调研，企业在使用区块链时的担忧主要包括数据安全、互操作性、技术成熟度等方面。从理论上讲，通过解决信息不对称、中介机构的中心化以及"信息孤岛"等问题，区块链可大大提高传统产业的广度、深度及效率，信息及成本问题的解决将驱动传统产业的业务创新、产品创新。但在实践中，关于区块链技术，不管是国内还是国外都未建立起严格且经过验证的标准，同时区块链分布式系统能否带来可持续性的效益也具有不确定性。仅就"区块链+"在我国的应用落地与见效情况来看，其面临着来自于技术层面、监管层面和行业自身层面的挑战。

一、技术层面

首先，区块链技术同样也会遇到分布式架构中的 CAP 原理，即一致性、可用性以及分区容错性，只能满足其二，三者不可兼得的情况。区块链技术在高效率、低能耗、去中心化三个方面，也是只能选其二，存在"不可能三角"悖论，具体而言：

（1）区块链技术的安全性与去中心化是建立在参与节点庞大数量基础上，但是节点参与的越多，节点运算能力的压力就会越大；同时海量的数据传输也可能会造成网络瘫痪问题，并且带来巨大的电力能源消耗。

（2）完全去中心化可能带来隐私泄露，以及缺乏法律保障等安全性问题。

（3）一个既环保又安全的区块链技术需要中心化的验证，而"去中心化"却是区块链技术的一大特征。

其次，由于共识的验证机制和连续复制以及不断增长的存储数据量，使得区块链系统存储容量所涉及的可伸缩性是一个需要特别注意的问题。区块链协议的设计方式是，每个节点都应该保留区块链的相同副本，区块链应该包含从一开始就包含的每一笔交易，这就会使得区块链的规模将快速膨胀。复制的存储机制要求每个设备都应该持有一份区块链，以便成为网络的一部分，这就会出现一个简单的节点设备可能无法提供所需的存储容量，从而对区块链系统的可伸缩性提出较高要求。

最后，由于区块链技术尚处于开发阶段，客户端安全、应用安全等安全性问题仍有待进一步提升。区块链技术是多种已有技术集成的创新结果，它包含了私钥加密算法、P2P网络以及PoW共识机制。这些技术并不是坚不可破的，也存在着一些弊端。例如，从加密算法来看，随着最新算法以及计算能力的提高，那些目前安全的加密信息很有可能被解密；又比如，2016年6月，基于区块链技术的全球最大众筹项目The DAO被黑客攻击，导致价值6000万美元的360多万枚以太币被劫持，这也提示我们智能合约的容错空间几乎为零。

二、监管层面

区块链是分布式的共享账本，同一系统的不同区块链节点可以物理部署在不同国家的不同行政区域内。想要适应跨越不同国家疆域、跨越不同行政区的法律法规，需要在相应行业领域应用区块链技术实现业务的过程中加以事先充分考虑，避免因不同行政区域司法管辖要求差异而导致的法律问题。比如，管辖权和法律适用的问题，因为服务器的分散性以及数据的跨区域传播，如果发生违约，确定何处违约以及如何采取跨区域甚至是跨国行动都是比较复杂的。

区块链技术的本质特征就是去中心化，目的就是为了解决交易过程中的中介特权、行政监管过度等问题，这在一定程度上会引发监管真空，因而对于监管理念和法律规则的包容性需求更为迫切，尤其是应用场景涉及跨界的产品或服务创新领域。此外，尽管区块链技术能够被用来提升系统运行效率，减少业务流程中的中间环节以及提升交易数据记录保存的透明度，促进行业跨界与更多产业的融合，增加资产和信息的互动性，加强不同业务之间的关联和渗透，但这一过程中也将使得风险更加隐蔽化、复杂化，可能产生更为隐蔽的网络安全、欺诈、洗钱、不公平竞争等风险，这同样是对当下相关行业监管的挑战。此外，区块链技术的网络效应，决定了该技术对于某个行业或者某个单位个体的价值取决于区块链技术整体的用户数量以及多样性。而目前已把区块链作为底层技术的参与方还很少，仍然需要利益相关方来实现快速的合作，制定共同的治理标准，这也需要监管层基于相关行业创新发展的顶层设计引导。

因此，区块链技术的应用涉及创新业态管理、智能合约的设立等多个环节，与之相配套的监管制度也应当是体系化的。但当前世界各国的法律和监管框架并不完全适用于区块链网络。一方面，当前的法律和监管旨在提供交易对手间的信任基础，但区块链并不需要这种信任的背书或支持，区块链"代码即法律"的设计必将大大缩减监管层的监管空间；另一方面，区块链的应用和发展却又非常依赖于国际和国家层面法律的承认和许可。上述问题如果不能得到有效解决，尤其是相关行业监管态度不明确、缺乏针对性，将会使技术层面的发展和商业层面的运营存在较多担忧。

三、行业层面

首先，区块链最佳应用场景的探索。区块链本身只是一项技术，其作用的充分发挥依赖于找到合适的应用场景，但因诸如"如何确保上链之前的数据是真实的、准确的"等技术性问题仍待妥善解决，目前区块链还只是更多地适用于跨机构业务合作以及数据共享的业务场景。此外，区块链的技术特点是否适用于所有场景也是需要考虑的问题。区块链的优势之一是去中心化，但并非所有的业务场景均一定需要去中心化，实际上，去中心化与中心化各有适用场景，不存在优劣之分。此外，区块链的另一优势是匿名化，但这反而会增加某些业务的实施难度，例如金融交易中反洗钱（AML）和"了解你的客户"（KYC）等。

其次，区块链主导权的分配。不同业务领域的核心企业均希望拥有相应区块链创新的底层平台的主导权，以便维护自身商业利益。与此同时，区块链技术的分布式系统是建立在行业机构与竞争对手、合作伙伴或者其他公司的合作基础之上，这就要求相应行业机构必须在企业级区块链技术的基础上设计出良好的商业和应用程序工作流程，所有关键的利益相关方都在同一时间采用该技术，并且要立足于数字生态圈的视角，善于整合并利用上下游及相关第三方组织的系统、客户和合作伙伴。因此，如果主导权无法得到合理分配，不仅难以形成统一的发展路线，实现规模化发展，也会造成社会资源浪费，同时更会带来某种程度上的技术垄断、信息数据垄断。

最后，区块链系统效率的保障。区块链能否大规模应用，核心问题之一就是规模与效率的问题。在链上节点数量不断增长的情况下，计算力不足将成为区块链发展的瓶颈。如果不彻底解决这个问题，区块链就只能局限在低频应用中，无法快速普及到真实世界里的大量商用场景。这就要求行业机构一方面要持续投入资源，包括资金支持和人力支持，尤其是既熟悉技术又熟悉业务的专业人员，另一方面还需要行业机构自身逐渐改变传统的以自身为核心的业务模式和思维方式，以共建、共有、共享、共治、共赢为基本理念，重新考虑自身机构架构，重新配置岗位员工，设计新的工作流程，制定新的规章管理制度，来适应新型的多机构协作模式。

第四节　基于区块链技术的企业管理创新路径

一、思想认知

在思想认知层面，需要客观认识区块链技术及其应用价值、应用前提和应用场景。

区块链技术对于推动企业管理向数字化、智能化、网络化发展中的重要性不言而喻，但作为企业经营管理层，在了解、拥抱区块链等新技术的同时，还需要从以下几方面客观认识区块链技术。

首先，应认识到区块链的经济学意义在于解决数据共享、数据信任、数据保护之间的矛盾。区块链技术在实体经济中的应用价值在于提高产业及企业运行的数字化协同效率，并在此基础上，通过一种"技术—经济"范式，为产业和商业活动提供基于价值互联的基础设施，从而催生出新的商业模式、新的业态。因此，从这个意义上讲，区块链技术是数字经济的重要组成部分和重要推动力，区块链技术在企业经营管理中的应用效果与企业自身的数字化建设有密切关系。

其次，要认识到任何行业规律都是长期演进的结果，而不是靠一种新技术通过简单的创造性破坏就能实现的。无论是数字化转型还是区块链技术应用对于行业及企业的影响，都是技术与业务深度融合的结果。这就需要经营管理层在深入洞察行业规律的基础上，准确把握数字化转型的逻辑（通过技术与业务的深度融合，来重构企业业务模式）和所必须的数字思维，并且制定适合自身业务发展的数字化建设规划。

再次，人们应认识到区块链技术不是万能的，很多经营场景下，单靠区块链这一技术并不能够彻底解决问题。例如，区块链技术能确保链上的信息不被篡改，但难以独立解决上链之前源头数据的可信度，这需要物联网和其他技术的配合。

最后，人们应认识到一味地追求中心化或去中心化都有一定弊端，立足于真实的应用场景和精准的业务痛点去引入和应用区块链技术更为务实。中心化的弊端体现在缺乏一定的透明度、数据可行度不高，而去中心化则需要以部分性能和成本为代价。这就需要企业从区块链的技术架构和特点出发，立足于自身的业务痛点和真实的应用场景，考虑是否必须由区块链技术解决，或者是根据不同程度的去中心化需求，通过选择合适类型的链、合适的共识机制等来设计适合的技术方案。

二、战略规划

在战略规划层面，需要围绕区块链技术应用对于企业数字化建设的要求，制定企业 IT 治理规划，明确区块链技术的真实应用场景。

区块链技术的应用前提是数据，应用效果有赖于 IT 技术与业务场景的融合，对于企业数据的落地及数字化建设工作有着相当程度的要求。而数字化建设的依据是企业经营秉承的客户价值主张，这就要求企业经营管理层应在战略层面，明确适合自身资源禀赋的业务发展战略，以及与之相匹配的 IT 治理规划，并且能在内部形成自上而下的共识，从而保证数字化建设和区块链技术应用中的技术投入与业务场景相匹配，IT 系统建设能锚定目标。

因此，在 IT 治理规划执行过程中，有以下几点建议：

（1）进一步围绕"数据落地"这一基础工作，从改善客户链接、提升客户响应度、增强各类系统及场景下的数据共享便利度等基础痛点入手，认真分析业务价值链中的各类场景和中心化程度，避免简单追求区块链技术的应用开发或是运营。

（2）围绕 IT 架构的灵活性和可拓展性厘清 IT 系统建设的整体思路，结合自身的人才团队建设情况和信息安全的需要，考虑平台建设中如何自建以及如何合作共建。

（3）连接大于拥有，平台模式是企业数字化落地的主要实现方式，而平台模式的核心在于打造生态圈，这就需要企业选择并引入外部第三方合作伙伴，结合内部数据资源进行标签化、场景化管理，形成用于管理和应用的数据资产和具有相对完整数据基础的数字化平台。在此过程中，逐步构建自身的技术生态圈，推动企业资产的数字化和企业价值传导机制的持续优化，实现企业物流、信息流、资金流的"三流合一"。

三、组织保障

在组织保障层面，需要建立健全"职能型+业务敏捷性"的"双模"组织架构。

在区块链等数字技术应用的数字化时代，基于业务逻辑搭建的技术平台是一个依靠算法进行资源分配与调节的自动化系统，其中的算法将体现技术与业务融合，资源分配和调节效果将彰显技术赋能后的增量价值，平台上的不同市场主体之间的关系是共生共存、共同发展，而不是单纯的竞争关系。因此，平台建设涉及技术、业务以及较长时间内的内部资源整合协同、外部借力等，这就要求公司不仅能在战略层面形成自上而下的统一认识，并且还有与之相匹配的保障——合适的组织保障、合理的人员保障、持续的资金保障。

其中，在组织保障层面，至少要考虑如何改进跨部门、跨业务之间的协调，提升内部决策效率、资源调配效率。区块链技术应用所涉及的数字驱动，应该具有"秒级响应"的特征，否则就会失去数据的价值，这就要求企业必须及时响应、及时调配资源从而满足所感知到的客户需求。因此，企业需要搭建一套"职能型+业务敏捷性"组织的"双模"操作系统。其中，职能型组织是目前多数企业的现有组织架构模式，是一套能够交付确定性任务并且保障足够稳定性的系统（如财务、人力、内控）；业务敏捷性组织则是以客户为中心，打破企业固定边界的价值流网络，可以有效识别潜在客户价值并及时响应，进而帮助企业快速应对新的竞争威胁。

四、人才队伍

在人才队伍层面，需要营造自我驱动的企业文化氛围。

一方面，企业固定边界的被打破和技术赋能于员工效果的显现，使得企业员工的工作行为与市场和客户的连接程度不断强化；另一方面，企业对于既懂技术又懂知识，既有互联网思维又能理解客户服务痛点的复合型人才的需求更为迫切。这就需要企业经营管理层更新对员工及员工管理的认识，审视自身的人才队伍建设思路。

首先，企业在对员工认识方面，可以广泛采用各种形式的外包，加强与外部团队的合作，同时，在企业内部既推崇统一的企业价值观，也鼓励个性化发展，以各种形式充分调动员工积极性，真正做到企业与员工的共同发展。

其次，企业在员工管理方面，通过机制优化、过程管理和文化建设来进一步强化员工的市场意识和自我管理意识，在内部营造一种自我驱动性的企业文化氛围。

最后，企业在人才培育方面，一方面要考虑如何针对现有的存量人才，充分挖掘其潜力，促使其重新焕发激情，加快内部复合型人才的培养；另一方面还要加大人才引进力度，不断优化自身的人才队伍结构。

参考文献

［1］Satoshi Nakamoto. Bitcoin：A Peer-to-Peer Electronic Cash System ［EB/OL］. https：//bitcoin. org/bitcoin. pdf.

［2］华为区块链技术开发团队. 区块链技术及应用 ［M］. 北京：清华大学出版社，2019.

［3］唐塔普斯科特，亚力克斯·塔普斯科特. 区块链革命：比特币底层技术如何改变货币、商业和世界 ［M］. 北京：中信出版社，2016.

［4］郑红梅，刘全宝. 区块链金融 ［M］. 西安：西安交通大学出版社，2020.

［5］中国工业和信息化部. 中国区块链技术和应用发展白皮书（2016）［R］. 北京：中国区块链技术和产业发展论坛，2016.

［6］中国信息通信研究院. "区块链十问" 研究汇编（2020）［EB/OL］. http：//www. cbdforum. cn/bcweb/index/article/rsr-5. html.

［7］阿尔文德·纳拉亚南，约什·贝努，爱德华·费尔顿，安德鲁·米勒，史蒂文·戈德费德. 区块链：技术驱动金融 ［M］. 北京：中信出版社，2016.

［8］任仲文. 区块链——领导干部读本 ［M］. 北京：人民日报出版社，2018.

［9］郑敏，王虹，刘洪，等. 区块链共识算法研究综述 ［J］. 信息网络安全，2019（7）：8-24.

［10］朱建明，高胜，段美姣. 区块链技术与应用 ［M］. 北京：机械工业出版社，2018.

［11］徐明星，刘勇，段新星，等. 区块链重塑经济与世界 ［M］. 北京：中信出版社，2016.

［12］凌力. 解构区块链 ［M］. 北京：清华大学出版社，2019.

［13］长铗，韩锋. 区块链从数字货币到信用社会 ［M］. 北京：中信出版

社，2016.

［14］中国区块链生态联盟，青岛市崂山区人民政府，赛迪（青岛）区块链研究院．2018-2019年中国区块链发展年度报告（下）［J］．中国计算机报，2019（6）：41-43.

［15］约瑟夫·熊彼特．经济发展理论［M］．北京：商务印书馆，1990.

［16］刘晓蕾．区块链与区域经济的创新发展［J］．区域经济评论，2020（3）：5-6.

［17］张浩，朱佩枫．基于区块链的商业模式创新：价值主张与应用场景［J］．科技进步与对策，2020，37（2）：19-25.

［18］朱晓武．区块链技术驱动的商业模式创新：DIPNET案例研究［J］．管理评论，2019，31（7）：65-74.

［19］纪慧生．基于价值的互联网企业商业模式创新［J］．北京邮电大学学报（社会科学版），2013，15（5）：65-72.

［20］孟韬，董政，关钰桥．区块链技术驱动下的企业管理与创新［J］．管理现代化，2019（4）：64-70.

［21］禹国印．区块链在企业经营管理中的创新应用［J］．管理观察，2018（36）：34-36.

［22］袁勇，王飞跃．区块链技术发展现状与展望［J］．自动化学报，2016，42（4）：481-494.

［23］杜均．区块链+：从全球50个案例看区块链的应用与未来［M］．北京：机械工业出版社，2018.

［24］王君宇，吴清烈，曹卉宇．国内区块链典型应用研究综述［J］．科技与经济，2019（5）：1-6.

［25］张利，童舟．基于区块链技术的农产品溯源体系研究［J］．江苏农业科学，2019（13）：245-249.

［26］刘如意，李金保，李旭东．区块链在农产品流通中的应用模式与实施［J］．中国流通经济，2020，34（3）：43-54.

［27］李明佳，汪登，曾小珊，等．基于区块链的食品安全溯源体系设计［J］．食品科学，2019（3）：279-285.

［28］刘亮，张玉菡．基于区块链技术的供应链溯源模式创新［J］．科技与经济，2020，33（5）：46-50.

［29］颜拥，俊华，文福拴，等．能源系统中的区块链：概念、应用与展望

[J]．电力建设，2017（2）：12-20.

　　[30]周洪益，钱苇航，柏晶晶，等．能源区块链的典型应用场景分析及项目实践[J]．电力建设，2020，41（2）：11-20

　　[31]杨德昌，赵肖余，徐梓潇，等．区块链在能源互联网中应用现状分析和前景展望[J]．中国电机工程学报，2017，37（13）：3664-3671.

　　[32]Nurzhan Zhumabekuly Aitzhan，Davor Svetinovic. Security and Privacy in Decentralized Energy Trading Through Multi-Signatures，Blockchain and Anonymous Messaging Streams[J]. IEEE Transactions on Dependable & Secure Computing，2018，15（5）：840-852.

　　[33]郝延山，龙旻明．联盟链技术在资产证券化场景的应用探索[J]．清华金融评论，2017（4）：39-41.

　　[34]姚前，蒋国庆，彭枫．DLT在资产证券化中的应用[J]．中国金融，2019（1）：72-73.

　　[35]吴丽梅，丁洁，王深茏，等．基于区块链技术的财务共享模式架构[J]．会计之友，2019（2）：149-154.

　　[36]肖雯雯，王莉莉．区块链技术对科技金融创新的作用机理与对策研究[J]．科学管理研究，2017（6）：102-105.

　　[37]严振亚．基于区块链技术的共享经济新模式[J]．社会科学研究，2020（1）：94-101.

　　[38]朱兴雄，何清素，郭善琪．区块链技术在供应链金融中的应用[J]．中国流通经济，2018（3）：111-119.

　　[39]许金叶，唐美晨．社会会计：区块链下的会计革命[J]．会计之友，2017（17）：133-136.

　　[40]孙友晋，王思轩．数字金融的技术治理：风险、挑战与监管机制创新——以基于区块链的非中心结算体系为例[J]．电子政务，2020（11）：99-107.

　　[41]许岩．论引入区块链技术促进"互联网+医疗健康"发展[J]．中国医疗管理科学，2018（4）：40-44.

　　[42]常伟．基于联盟链平台的药品互联网零售模式构建[J]．中国流通经济，2019，33（6）：14-23.

　　[43]王天屹，刘爱萍．大数据环境下医疗数据隐私保护对策研究[J]．信息技术与网络安全，2019（8）：28-32.

［44］Patel Vishal. A Framework for Secure and Decentralized Sharing of Medical Imaging Data Via Blockchain Consensus［J］. Health Informatics Journal，2019，25（4）：1398-1411.

［45］黄锐，陈维政，胡冬梅，等. 基于区块链技术的我国传染病监测预警系统的优化研究［J］. 管理学报，2020，17（12）：1848-1856.

［46］全立新，熊谦，徐剑波. 区块链技术在数字教育资源流通中的应用［J］. 电化教育研究，2018，39（8）：78-84.

［47］翟海燕. "区块链+高等教育"变革对高等教育生态的重塑区块链技术发展现状与展望［J］. 高教探索，2020（4）：36-40.

［48］黄贵懿. 基于区块链技术的学习成果认证管理系统研究［J］. 现代教育技术，2021，31（1）：69-75.

［49］国务院. 国务院关于印发国家教育事业发展"十三五"规划的通知［EB/OL］. http：//www. gov. cn/zhengce/content/2017-01/19/content_5161341. htm.

［50］钱卫宁，邵奇峰，朱燕超，等. 区块链与可信数据管理：问题与方法［J］. 软件学报，2018（1）：150-159.

［51］高航，俞学励，王毛路. 区块链与人工智能：数字经济新时代［M］. 北京：电子工业出版社，2018.

［52］中国区块链技术和产业发展论坛. 中国区块链与物联网融合创新应用蓝皮书（2017）［EB/OL］. http：//www. cbdforum. cn/bcweb/resources/upload/ueditor/jsp/upload/file /20201120/1605876321081088309. pdf.

［53］刘炼箴，杨东. 区块链嵌入政府管理方式变革研究［J］. 行政管理改革，2020（4）：37-46.

［54］郑志明，邱望洁. 我国区块链发展趋势与思考［J］. 中国科学基金，2020（1）：2-6.